贾东　主编　建筑与文化·认知与营造　系列丛书

技术与今天的城市

王新征　著

中国建筑工业出版社

图书在版编目（CIP）数据

技术与今天的城市/王新征著．—北京：中国建筑工业出版社，2013.4

（建筑与文化·认知与营造 系列丛书/贾东主编）

ISBN 978-7-112-15277-3

Ⅰ.①技… Ⅱ.①王… Ⅲ.①城市空间－建筑设计－研究 Ⅳ.①TU984.11

中国版本图书馆CIP数据核字（2013）第055654号

责任编辑：唐 旭 张 华
责任设计：陈 旭
责任校对：陈晶晶 党 蕾

建筑与文化·认知与营造 系列丛书
贾东 主编
技术与今天的城市
王新征 著
*
中国建筑工业出版社出版、发行（北京西郊百万庄）
各地新华书店、建筑书店经销
北京嘉泰利德公司制版
北京建筑工业印刷厂印刷
*
开本：787×1092毫米 1/16 印张：$10^1/_2$ 字数：215千字
2013年7月第一版 2013年7月第一次印刷
定价：38.00元
ISBN 978-7-112-15277-3
(23289)

总　序

人做一件事情，总是跟自己的经历有很多关系。

1983 年，我考上了大学，在清华大学建筑系学习建筑学专业。

大学五年，逐步拓展了我对建筑空间与形态的认识，同时也学习了很多其他的知识。大学二年级时做的一个木头房子的设计，至今还经常令自己回味。

回想起来，在那个年代的学习，有很多所得，我感谢母校，感谢老师。而当时的建筑学学习不像现在这样，有很多具体的手工模型。我的大学五年，只做过简单的几个模型。如果大学二年级时做的那一个木头房子的设计，是以实体工作模型的方式进行，可能会更多地影响我对建筑的理解。

1988 年大学毕业以后，我到设计院工作了两年，那两年参与了很多实际建筑工程设计。而在实际建筑工程设计中，许多人关心的也是建筑的空间与形态，而设计人员落实的却是实实在在的空间界面怎么做的问题，要解决很多具体的材料及其做法，而多数解决之道就是引用标准图，通俗地说，就是"画施工图吹泡泡"。当时并没有意识到，这种"吹泡泡"的过程其实是对于建筑理解的又一个起点。

1990 年到 1993 年，我又回到了清华大学，跟随单德启先生学习。跟随先生搞的课题是广西壮族自治区融水民居改造，其主要的内容是用适宜材料代替木材。这个改进意义是巨大的，其落脚点在材料上。这时候再回味自己前两年工作实践中的很多问题，不是简单地"画施工图吹泡泡"就可以解决的。自己开始初步认识到，建筑的发展，除了文化、场所、环境等种种因素以外，更多的还是要落实到"用什么、怎么做、怎么组织"的问题。

我的硕士论文题目是《中国传统民居改建实践及系统观》。今天想来，这个题目宏大而略显宽泛，但另一方面，对于自己开始学习着去全面地而不是片面地认识建筑，其肇始意义还是很大的。我很感谢母校与先生对自己的浅薄与锐气的包容与鼓励。

硕士毕业后，我又到设计院工作了八年。这八年中，在不同的工作岗位上，对"用什么、怎么做、怎么组织"的理解又深刻了一些，包括技术层面的和综合层面的。有一些专业设计或工程实践的结果是各方面的因素加起来让人哭笑不得的结果。而从专业角度，我对于"画施工图吹泡泡"，有了更多的理解、无奈和思考。

随着年龄的增长及十年设计院实际工程设计工作中，对不同建筑实践进一步的接触和思考，我对材料的意义体会越来越深刻。"用什么、怎么做、怎么组织"的问题包含了诸多辩证的矛盾，时代与永恒、靡费与品位、个性与标准。

十多年以前，我回到大学里担任教师，同时也参与一些工程实践。在这个过程中，我也在不断地思考一个问题——建筑学类的教育的落脚点在哪里？

建筑学类的教育是很广泛的。从学科划分来看，今天的建筑学类有建筑学、城市规划、风景园林学三个一级学科。这三个一级学科平行发展，三者同源、同理、同步。它们的共同点在于，都有一个“用什么、怎么做、怎么组织”的问题，还有对这一切怎么认知的问题。

有三个方面，我也是一直在一个不断认知学习的过程中。而随着自己不断学习，越来越体会到，我们的认知也是发展变化的。

第一个方面，建筑与文化的矛盾。

作为一个经过一定学习与实践的建筑学专业教师，自己对建筑是什么、文化是什么是有一定理解的。但是，随着学习与研究的深入，越来越觉得自己的理解是不全面的。在这里暂且不谈建筑与文化是什么，只想说一下建筑与文化的矛盾。在时间上，建筑更是一种行为，而文化更是一种结果；在空间上，建筑作为一种物质存在，它更多的是一些点，文化作为一种精神习惯，它更多的是一些脉络。就所谓的“空”和“间”两个字而言,文化似乎更趋向于广袤而延绵的“空”，而建筑更趋向于具体而独特的“间”。因而，在地位上，建筑与文化的坐标体系是不对称的。正因为其不对称，却又有着这样那样的对应关系，所以建筑与文化的矛盾是一系列长久而有意义的问题。

第二个方面，营造的三个含义。

建筑其用是空间，空间界面却不是一条线，而是材料的组织体系。

建筑其用不止于空间，其文化意义在于其形态涵义，而其形态又是时间的组织体系。

对营造的第一个理解，是以材料应用为核心的一个技术体系，如营造法式、营造法则等。中国古代建筑的辉煌成就正是基于以木材为核心的营造体系的日臻完善。

对营造的第二个理解，是以传统营造为内容的研究体系，如先辈创办的中国营造学社等。

对营造的第三个理解，则是符合人的需要的、各类技术结合的体系。并不是新的快的大的就是好的。正如小的也许是好的，我们认为，慢的也许是更好的。

至此，建筑、文化、认知、营造这几个词已经全部呈现出来了。

对建筑、文化、营造这三个概念该如何认知，是建筑学类教育的一个基本命题。

第三个方面，建筑、文化、认知、营造几个词汇的多组合。

建筑、文化、认知、营造几个词汇产生很多组合，这里面也蕴含了很多互动关系。如，建筑认知、认知建筑，建筑营造、营造建筑，建筑文化、文化建筑，文化认知、认知文化，文化营造、营造文化，认知营造、营造认知，等等。

还有建筑与文化的认知，建筑与文化的营造，等等。

这些组合每一组都有一个非常丰富的含义。

经过认真的考虑，把这一套系列丛书定名为“建筑与文化·认知与营造”，它是由四个关键词组成的，在一定程度上也是一种平行、互动的关系。丛书涉及建筑类学科平台下的建筑学、城乡规划学、风景园林学三个一级学科，既有实践应用也有理论创新，基本支撑起“建筑、文化、认知、营造”这样一个营造体系的理论框架。

我本人之《中西建筑十五讲》试图以一本小书的篇幅来阐释关于建筑的脉络，试图梳理清楚建筑、文化、认知、营造的种种关联。这本书是一本线索式的书，是一个专业学习过程的小结，也是一个专业学习过程的起点，也是面对非建筑类专业学生的素质普及书。

杨绪波老师之《聚落认知与民居建筑测绘》以测绘技术为手段，对民居建筑聚落进行科学的调查和分析，进行对单体建筑的营造技术、空间构成、传统美学的学习，进而启迪对传统聚落的整体思考。

王小斌老师之《徽州民居营造》，偏重于聚落整体层面的研究，以徽州民居空间营造为对象，对传统徽州民居建筑所在的地理生态环境和人文情态语境进行叙述，对徽州民居展开了从“认知”到“文化”不同视角的研究，并结合徽州民居典型聚落与建筑空间的调研展开一些认知层面的分析。

王新征老师之《技术与今天的城市》，以城市公共空间为研究对象，对20世纪城市理论的若干重要问题进行了重新解读，并重点探讨了当代以个人计算机和互联网为特征的技术革命对城市的生活、文化、空间产生的影响，以及建筑师在这一过程中面临的问题和所起到的作用，在当代建筑和城市理论领域进行探索。

袁琳老师之《宋代城市形态和官署建筑制度研究》，关注两宋的城市和建筑群的基址规模规律和空间形态特征，展示的是建筑历史理论领域的特定时代和对象的“横断面”。

于海漪老师之《重访张謇走过的日本城市》，对中国近代实业家张謇于20世纪初访问日本城市的经历进行重新探访、整理、比较和分析，对日本近代城市建设史展开研究。

许方老师之《北京社区老年支援体系研究》以城市社会学的视角和研究方法切入研究，旨在探讨在老龄化社会背景下，社区的物质环境和服务环境如何有助于老年人的生活。

杨鑫老师之《经营自然与北欧当代景观》，以北欧当代景观设计作品为切入点，研究自然化景观设计，这也是她在地域性景观设计领域的第三本著作。

彭历老师之《解读北京城市遗址公园》，以北京城市遗址公园为研究对象，研究其园林艺术特征，分析其与城市的关系，研究其作为遗址保护展示空间和城市公共空间的社会价值。

这一套书是许多志同道合的同事，以各自专业兴趣为出发点，并在此基础上的不断实践和思考过程中，慢慢写就的。在学术上，作者之间的关系是独立的、自由的。

这一套书由北京市教育委员会人才强教等项目和北方工业大学重点项目资助，以北方工业大学建筑营造体系研究所为平台组织撰写。其中，《中西建筑十五讲》为《全国大学生文化素质教育》丛书之一。在此，对所有的关心和支持表示感谢。

我们经过探讨认为，“建筑与文化·认知与营造”系列丛书应该有这样三个特点。

第一，这一套书，它不可能是一大整套很完备的体系，因为我们能力浅薄，而那种很完备的体系可能几十本、几百本书也无法全面容纳。但是，这一套书之每一本，一定是比较专业且利于我们学生来学习的。

第二，这一套书之每一本，应该是比较集中、生动和实用的。这一套书之每一本，其对应的研究领域之总体，或许已经有其他书做过更加权威性的论述，而我们更加集中于阐述这一领域的某一分支、某一片段或某一认知方式，是生动而实用的。

第三，我们强调每一个作者对其阐述内容的理解，其脉络要清楚并有过程感。我们希望这种互动成为教师和学生之间教学相长的一种方式。

作为教师，是同学生一起不断成长的。确切地说，是老师和学生都在同学问一起成长。

如前面所讲，由于我们都仍然处在学习过程当中，书中会出现很多问题和不足，希望大家多多指正，也希望大家共同来探究一些问题，衷心地感谢大家！

贾　东
2013 年春于北方工业大学

目　录

引　言　变革前夜的城市

毫无疑问，我们正处在一个变动的世界中。

对于研究者们来说，正在发生的技术革命是否已经在深度和广度上超越了之前的两次大规模的技术变革[①]，也许只有等到很多年以后回顾历史的时候才能有一个准确的结论。但是对于大多数普通人而言，技术的发展正在带来比以往更为直接的感受：大量的新产品在很短的时间里被发明、制造、使用，并且以一种更为直接的方式改变了人们的生活。

在上一个时代，1908年，福特的T型车在投产的第一年内生产了超过一万辆，并在其停产前的近20年的时间里实现了超过1500万辆的产量。直到今天，这对于制造业来说仍然是一个神话般的数字。在这个时代，2011年下半年，Rovio娱乐（Rovio Entertainment Ltd.）公司的一款叫做"愤怒的小鸟"的电子游戏，在推出不到2年后，下载量已经达到5亿次，而直到一年前这家公司的员工也只有十几个人。同期，创办不到8年的社交网站Facebook宣布有5亿用户在同一天登录了其网站[②]。与用户数量在短时间内的急剧增长相对应，这些公司在几年间实现了传统公司需要几十年甚至上百年才能完成的财富积累。在它们成功背后的一个共同点是：不是仅仅提供比以往更好的产品，而是直接指向人的行为模式、生活方式的改变。正如Facebook创始人马克·扎克伯格所说："如今的社交网络发展更侧重如何让产品促进人与人之间的联系，而不是用户数量的增长和技术本身的普遍性。"[③]

在传统产业的时代，新的技术和产品影响生活的途径是：技术发明——产业化——市场培育——产品普及化——成本下降——用户数量积累——生活方式变化。这个量变到质变的过程可能需要十几年甚至更长的时间才会对生活方式产生明显的改变。而今天，所有的中间环节相对于传统产业时代来说几乎都可以忽略不计，优秀的产品会在极短的时间内获得爆发式的成功，并对大量用户的生活模式产生直接的影响。量变和质变近乎同时发生。从城市研究的角度来说，这种人类行为模式和生活方式的变化，已经为城市结构和城市公共空间的变迁提供了基本的背景。

---

① 这里指的是以蒸汽机为主要标志的第一次技术革命和以电力为主要标志的第二次技术革命。关于技术变革的代际划分，目前有分为三次和分为四次两种观点，本书暂时采用前者。

② 以上数字来自于互联网。

③ 马克·扎克伯格2011年在新闻发布会上的讲话。

但是，与技术专家、经济学家和媒体对这种变化的津津乐道不同，建筑师和城市研究者则是少数从总体上对这种变化抱持漠然态度的群体之一。这个群体之中相当多的人几乎逃避任何与未来有关的话题。对于其中一部分人来说，这是出于诸如“建筑学的核心内容是接近永恒不变的”之类的信心，对于这些人来说，“我们现在发现了一个理论模型，它可以描述从希腊一直到今天的城市结构，并且在明天将继续有效”听上去比“现在事情全变了，我们需要重新创建或者学习新的东西”听起来更为美妙。而对于另一部分人来说原因可能正好相反：来自于对于学科未来的彻底的悲观态度，这使得他们宁愿像鸵鸟一样把头埋起来对周围的变化装作视而不见。无论这种态度的原因如何，共同的表现则是更愿意从中世纪的而不是今天的人们正生存于其中的城市中去寻求灵感。

而群体中另一些更具有投机意识的人，则将技术和时代的变化视为向客户或同行兜售他们的新形式的理由，对于这些人来说，所谓的建筑和城市的变化只不过是如同年复一年的时装新品发布会一样的东西罢了。

这个领域中的少数人很早就意识到了技术和产品的革新将对建筑和城市带来的冲击，威廉·J·米切尔无疑是其中最具代表性的一位。在他的《比特之城》三部曲[①]中，米切尔清晰地描绘了技术变革下的未来城市图景。特别是考虑到《比特之城》出版于1994年，更令人惊叹其敏锐和前瞻性。

米切尔的书有着这个领域少见的前瞻性，但对于读者来说，却多少带有一些科幻主义的色彩。这部分是因为其如科学家般的纯技术主义视角。和同出于麻省理工学院的尼古拉斯·尼葛洛庞帝一样，米切尔对技术发展和城市的未来怀着一种近乎于天真的乐观态度，他笔下的未来城市如同科学家们的理想主义设想或是硬科幻小说一般。同时，这种对技术前景的乐观和肯定，使得米切尔对于自己描绘的未来图景抱有绝对的信心，因而不屑于去描述变化发生的细节。但是对于生活在这个时代的人们来说，这种细节绝不是毫无意义的。本书的目的，正是希望去描述这样的细节。

作为最为复杂和庞大的人造物体，现代城市的发展充满了反复和不确定性。在改变城市的过程中，任何技术都必须与现实相互作用，并且改变彼此的面目。真正的城市未来图景是技术与现实互动的未来，而不是纯技术的未来。或许我们可以说，米切尔的书说明了30年后的城市将会是什么样的，而本书则试图说明：这种变化如何一步步发生，在此过程中各种力量（传统的、现代的、技术的、社会的、文化的、商业的、精神的、心理的……）如何彼此作用。

此外还有一点必须指出的是，很多人在混淆未来城市与乌托邦的区别。未来城市不等于乌托邦，未来城市是另一个时段的现实而不是理想，对未来城市的研

① 指的是《比特之城：空间、场所、信息高速公路》、《伊托邦——数字时代的城市生活》和《我++——电子自我和互联城市》。

究是一种基于当下的合理预测而不是一种设计（建筑师对图像语言的依赖和设计的欲望使其往往习惯于去设计一个“未来城市”，这时常会导致荒谬的结果）。而实际上，本书所涉及的大多数内容甚至与“未来”两个字无关。可能是米切尔的书中涉及了太多新技术和产品，以至于很多人认为他描绘的只是一种未来的场景，但其实变化已经在发生。现有的技术和产品已经能够并且要求支持不同的城市形态，而这一切之所以还没有发生只是由于建筑和城市领域一贯的滞后性而已。从这个意义上说，本书并不是基于技术发展对未来的城市面貌进行预测，而是希望基于现状研究技术与文化、技术与社会的互动，这种互动如何一步步地改变我们的城市面貌，以及在此过程中各种力量如何彼此作用。因此，我们试图解读的不是所谓的未来城市，而是正发生在当下的现实。同时，同激进的技术乐观主义者和倾向于悲观地看待技术的副作用的保守主义者不同，本书不涉及价值判断问题，而是希望中性化地说明新的技术和产品会如何一步步地改变我们的城市。对我们来说，这种改变是好是坏并不重要，重要的是，它在发生。

第1章　几个重要的概念

与哲学和文化相比，技术的词汇表要简练和易懂得多，在描述技术对于城市的影响时也是如此。因此，实际上并不需要特别地界定我们所使用词语的含义。这里之所以仍要提取出几个概念进行单独的解释，主要是为了强调它们对本研究的重要性。在我们看来，这些概念对于理解当代的城市变迁来说是不可缺少的。

1.1　公共生活与公共空间

城市给生存于其中的人们带来了什么？不同的人可能有不同的答案：金钱、机会、欲望、诱惑……或者仅仅是一个栖身之所。但如果从城市生活与乡村生活的最显著区别来看，无疑是城市提供了更多的人与人直接接触的机会。城市能为居于其中者提供的一切，皆源自于此。人们来到城市，目的是与他人产生联系，或合作、或敌对、或交易、或寻欢作乐，这就是城市的公共生活，是城市之所以成为城市的原因所在。

美国心理学家亚伯拉罕·马斯洛的需求层次理论将人的基本需求从低到高划分为5个层次，依次是生理需求、安全需求、社会交往（归属和爱）需求、尊重需求和自我实现需求，[①]其中，后面三种较高层次的需求都需要由人与人之间的联系即公共生活而实现。

当然城市还要为聚集起来的人们提供居所，并且这些居所最终会占据城市中的大部分空间。严格意义上说，这些被居住功能所占据的空间已经不再属于城市的一部分。从居住行为本身来说，住在城市和住在乡村甚至野外没有什么本质区别。如果硬要说出区别的话，大概就是在城市中居住的舒适度更低罢了。对这一点，可以视为为了获得城市提供的公共活动机会而付出的代价。

那么，由此我们可以推论，是公共生活以及容纳公共生活的城市公共空间，而非居住行为和居住空间，构成了城市得以存在的原因和基础，使得城市成为城市而不是单纯的“聚居地”而已。这一点，是我们分析城市结构及其演变的基础。

当然，在实际中，城市不仅仅是公共空间的集合，乡村也不仅仅是聚居地。即使一家小酒馆也提供了最低限度的公共生活得以发生的场所。从最偏僻的乡村

---

① （美）A·H·马斯洛．动机与人格．许金声等译．北京：华夏出版社，1987：40-53.

到最繁华的都市，生活内容中居住所占的重要性逐渐降低，而公共生活的重要性则相应提高。更大的城市汇集了更多的人，从而提供了更多的公共生活的类型和数量（无论从公共活动发生的次数还是从参与人数上）。人们聚集到更大、更拥挤的城市中，期望着更多的工作、娱乐、交往的机会，他们为公共生活而来。从这个意义上来说，期待特大城市提供和中小城市甚至乡村相等同的居住质量本来就是不现实的事情，从一开始，这就不是这种城市所以存在的原因之所在。对于一些特大型城市来说，公共生活和公共空间构成了城市所被认知的几乎全部，居住功能和居住空间就如同被隐藏在阴影里般黯淡。

近代以来，各种建筑和城市理论一直将解决居住问题作为城市问题的核心。从埃比尼泽·霍华德的田园城市理想到现代主义建筑运动，再到奠定了现代主义城市规划基础的《雅典宪章》都是如此，而其后反对现代主义运动的理论同样是在强调解决居住问题对于城市的重要性。在特定的时间（工业革命后产业集中带来的居住矛盾尖锐时期、两次世界大战之后的恢复时期等）和特定的城市（正处于快速城市化进程中的城市）中这样做可能是必要的，但从整体来看，这种思路无益于矛盾最突出的大城市、特大城市的问题之解决。当代城市问题的核心，是公共空间，以及公共空间其他类型空间的关系问题。

1.2 目的性与偶发性

《雅典宪章》将城市的功能概括为居住、工作、游憩和交通，这只是一个非常概括性的划分。实际上，城市公共生活的类型远非工作和游憩二者所能概括。可以说，有多少种人与人之间接触的方式，就有多少种相应的公共生活类型。在社会分工日益细密的今天，公共活动的类型也正在被划分得越来越精细。

当人们按照功能主义的方式划分公共活动的类型的时候，实际上是假定了一个前提，即人们所有的活动都是为了特定的理由的，或者说是有目的的。这实际上并不符合人这种生物的本性。人不是机器，他们的行为经常是非理性的、奇怪的、不可捉摸的。他们的活动只有一部分是目标清晰的，另一部分则显得含混、模糊、漫无目的。即使是在家中不与他人接触时，人们的行为中仍是充满了含混的成分，我们可以大体地清楚卧室、书房、盥洗室和厨房这些空间所能包含的人类的活动，却很难说清楚起居室到底是为了什么目的而设计的。我们可以试图描述哪些行为可以发生在这里，但最终改变不了一个事实，即起居空间实际上就是为了容纳那些人们在无所事事的时候显示出来的无目的行为状态而存在的。

到了城市这个层面，由于人与人之间的接触，界定人的行为方式就变得更加复杂起来。有目的明确的功能性行为，比如大部分工作活动，但更多的公共行为很难说清目的，观察城市广场上的人的行为会很明显地看到这一点，有些时候我们试图用娱乐或者休闲之类的词去概括这种情况，但其实这可能并不比称之为无意义的发呆来得更准确。当然我们还是可以界定无目的行为的几种类型，比如体验、交往等，而这些行为的共同点之一是都具有一定的偶然性特征。

人和人在城市中相遇，这种情况可能是事先计划好的，即有目的的，比如一次约会或者一次商务会面；也可能是无目的的偶然行为，比如一见钟情的邂逅或者碰撞导致的争吵。对于大多数人来说，后者由于其不确定性而显得更有吸引力。相对于乡村，城市中聚集了无论从数量还是类型来说都更多的人，因此提供了更多人与人之间发生偶然性接触的潜在机会。而相对于小城市，大城市和特大城市更使得这种机会成数量级地增长。这其实也正是城市特别是大城市吸引力的真正所在。为了这种吸引，人们甚至可以忍受大城市为生活特别是居住生活所带来的种种不便。

另外有一点必须注意到的是，在现实中，绝大多数公共活动实际上是目的性活动和偶然性活动的复合，纯粹的目的性活动和完全漫无目的的行为同样少见。购物最初是目的明确的活动，而实际中我们通常的大多数购物活动应该称作逛街来得更合适。购买行为只是其中的一部分，所占的比例可能因个体的不同而有差异。其他部分则是体验和交往行为所占的比重，这部分活动带有相当大的偶然性。旅游可能是一个更明确的例子，它以到达某个特定地点为目的，但实际上这种指向特定目的的确定性会使旅游丧失大部分魅力，而旅途中的惊喜体验和不期而遇的邂逅的潜在可能性，才是旅游行为的吸引力所在。仅以旅游的直接目的而言，“到达目的地”也不是目的本身，至于到达目的地给旅游者带来的体验，则因人而异带有相当的不确定性。即使最单纯的仅以“到此一游”为目的的拍摄旅游纪念照的行为，其背后也有着基于怀旧、纪念、炫耀、攀比、完成目标的成就感等复杂的心理因素来支撑。

早期的现代主义城市规划理论中单纯以功能主义的原则确定城市活动和城市空间的类型，实际上是以目的性活动作为主要的控制对象，忽视了偶发性活动在城市生活中的意义。《雅典宪章》中认为游憩空间主要存在的问题在于城市空地的不足①，显然正是这种思想的体现。其结果是很多现代主义原则主导的城市规划和城市设计，尽管留出了足够多的空地，但仍没有带来城市公共生活品质的改善，甚至有可能适得其反。第二次世界大战后正统的城市设计理论中，针对现代主义城市理论中的弊端进行了反思，均强调城市空间的复杂性和对人的活动的顺应，而不是单纯按照设计者的主观判断进行功能分割。重视偶发性因素的一个重要体现是强调空间的混合使用性质，即增加空间中不同种类的活动同时发生的潜在可能，以及特定目的活动引发偶然性活动的机会。

在后面我们将会看到，这种已经被广为接受的观念今天正面临着新的挑战。

---

① 参见《雅典宪章》条目 30-35。

1.3 日常性与非日常性 / 仪式性

日常生活占据了从每个个体到整个社会的活动时间的绝大部分。大多数情况下，我们每天的生活和前一天没有什么不同：走过同样的路，来到同样的地方，面对着差不多的人，做着相似的事情。从农业社会到今天，这一点一直没什么区别。对个体来说，日常生活塑造着人的性格；对于城市来说，也极大地影响着城市的结构。满足日常生活的基本功能需求，是城市空间设计的最基本的要求。

当然，意外总会发生，生活不会一成不变。在生活的日复一日中，每个人都在期望着有些不一样的事情发生。这种非日常性的生活在时间上所占的比例很小，但却是生活中重要的一部分，它满足了人心底的渴望，使得日常生活的单调变得可以忍耐。很难完全地概括非日常性生活的类型，因为有些情况下它可能仅仅是突发性事件带来的生活变化。但是有一点是值得注意的：非日常性是相对于日常性而言的，强调的是活动方式的变化，因此它往往是因人而异的，一次旅行对于普通人来说是一种非日常体验，但是对以旅行为职业的人来说不过是日常生活的一部分。但是在城市研究中，我们需要更关注那些具有共性的非日常活动。这种大量的人共同完成的非日常活动，常常带有仪式的特征，因此我们也可以称之为"仪式性活动"。

在人类社会早期，由于活动狭小和活动方式单一，除了意外事件，仪式和庆典应该是主要的非日常活动类型。最早的仪式大都与对自然和神灵的祭祀活动有关，但在其后的演化中逐渐融入越来越多的世俗要素。其实，大型仪式性活动的一个特点是，在活动中大多数参与者并不是在意活动的目的本身，而是被解脱于平凡的日常生活的超越感所激励。并且，不论仪式活动最初的起源是什么，经过足够长的时间后，大多会发展成一种纯粹的庆典行为，人们会按照约定俗成的惯例完成某个仪式，但已经不是为了最初的原因。

仪式性活动的最典型例子是各种节日活动，这些节日大多有着悠久的历史和神圣的起源，但在今天，其神圣性已得到充分的消解，尽管一些早期仪式的痕迹仍然以习俗的方式保留下来并得到人们的遵从，但大多数人已经不去探究其从何而来，而只是单纯地将节日作为摆脱日常生活的放纵理由而已。

非日常性活动的另一个例子是旅游。旅游的目的就在于获得不同于日常生活的体验，有句话说："旅行就是从自己待腻的地方到别人待腻的地方去。"这句话虽是调侃，但也正说明了旅游行为的意义所在。旅游的特别之处在于通过空间的变化来实现活动的非日常化。在交通不发达的时代，这其实是很难实现的，那时的旅行者被认为是富有勇气的人。并且，早期的旅行活动常与探索或朝圣等目的结合在一起，从而具有了神圣的意味。随着交通工具速度和舒适性的提升，旅游在今天几乎已经成为最容易获得非日常体验的方式，自然，其神圣性也随之消磨殆尽。

按照卡尔·古斯塔夫·荣格的集体无意识理论[①]，仪式的传承实际上是集体无意识的一种体现，是某种文化原型以无意识的方式世代相传的结果。从这个意义上来讲，典型的仪式性活动往往带有原型的特征，代表特定文化中思维方式或者行为方式的某个重要方面。相应地，这些仪式性活动所对应的城市空间也往往带有强烈的原型意味。

与日常性活动在生活中所占的比例相对应，从数量来看，日常性空间也占据了城市空间的主要部分。即使我们将所有的居住空间刨除在外（因为严格意义上它不属于我们所研究的公共空间的一部分），城市中大量的商场、店铺、写字楼、餐馆这些满足日常生活空间需求的建筑仍占据了相当大的比重。

相对地，有一些空间类型是专门为非日常性体验服务的，通常是大型公共建筑：纪念性建筑、大型的剧场、博物馆、大型聚会场所、体育赛事场馆等。这些建筑的功能与城市中大多数人的日常生活无关，而是服务于某种特定的活动需要。一个人可能会在一个月或者一年中的特定的一些日子才会使用这个空间。在一些例子里，这一类建筑甚至只在某个特定的时段才得到使用。一些城市中为了大型节日或季节性活动而建造的活动场所可能一年只使用一个月时间，而在其他时间里处在闲置状态，这体现了日常性和仪式性的冲突。奥运会和世博会设施的赛后利用问题更是这种矛盾的极端体现。

很多城市空间同时服务于日常活动和非日常活动。一个城市广场，平时的生活场景可能是咖啡座上的流连的情侣、喂鸽子的老人、放风筝的孩子，但在重大的节日中却会成为节庆集会庆典的场所。

作为一种特殊的非日常活动，旅游行为对应的空间类型是各类旅游场所，也就是我们平时称之为“旅游景点”的地方。这其中当然也有一些是兼有日常空间性质的，但更多的（而且有逐渐增多的趋势）却是专门为旅游行为服务的。如前所述，旅游是通过空间的变化来实现非日常化，这事实上产生了一个问题，即旅游空间所提供体验的对象并非它所在地的人们，而是生活在其他地方将这里作为旅游目的地的人，即旅游者。当居民的需要和旅游者的需要存在差异的时候，就有产生矛盾冲突的可能。有些人认为这两者是同一的：难道市民感觉好的城市，旅游者不也感觉好吗？但事实往往不是如此。在旅游行为越来越普遍的情况下，这种冲突已经成为很多将旅游业作为重要产业的城市所不得不面对的问题。这也是日常性和仪式性产生冲突的一个典型的例子。

旅游空间或者说旅游景点的来源大致有几种：自然景观、历史人文景观、城市和聚落景观以及为旅游目的专门建造的空间。自然景观的吸引力来源于自然之美或者探索产生的满足感；历史人文景观的吸引力来自于与其相联系的历史事件

---

① 卡尔·古斯塔夫·荣格的集体无意识是人格结构最底层的无意识，是祖先的活动和经验在人脑中痕迹的体现。集体无意识中具有代表性的形象被称为原型。参见（瑞士）卡尔·古斯塔夫·荣格．荣格文集：原型与集体无意识．徐德林译．北京：国际文化出版公司，2011.

和其承载的文化内涵；城市和聚落景观则展示了人造物的艺术之美和不同文明的生活方式。这些空间和景观都不是为了旅游的目的而特意建造的，它们成为旅游目的地的过程不是通过“设计”或“建造”，而是通过“发现”。比较复杂的是以旅游为目的而建造的空间或景观，这一类型专门为了满足旅游体验而设计，其设计目标就是提供非日常性的体验。这决定了它不同于一般的以满足日常游憩功能为目的的休闲空间（比如城市公园）。也就是说，它必须经过特别的设计，能够提供足够的区别于日常生活的体验以吸引旅游者前来。

一个典型的例子是主题公园。主题公园根据特定的主题设置旅游者的活动，来达到吸引旅游者的目的。它既不同于服务于日常体验的城市公园，也不同于其他非日常性的观演、聚会空间。这种不同在于它的“主题”，这种主题的设计必须突出地体现其与日常生活情态的差异性。以最著名的主题公园之一的迪斯尼乐园为例，大多数迪斯尼乐园的主题设置可以归纳为四个类型：自然探险类，即热带雨林之类的场景；异域风情类，即典型的异域生活场景；奇幻童话类，即童话风格的历史场景；科幻未来类，即太空旅行等科幻场景。这代表了非日常类主题的四种基本类型：自然、异域、历史和未来。自然主题通过虚拟的空间变化形成的非城市要素来脱离日常生活；异域主题的非日常性来自于对“此地”的逃脱，体现为对异域标志性景观和典型化的生活习俗的片断化的拼凑；历史和未来主题则通过时间的变化来超越日常，是将历时性要素共时化的例子；科幻本来就是超现实的主题，而历史主题经过奇幻化、童话化之后，也就相较普通的历史场景具有了更强烈的超现实意味（图 1–1）。并且，在本书后面读者将会看到，这些主题不仅仅体现在主题公园中，而是具有相当普遍的意义。

对于城市中日常空间和非日常空间的比例和协调问题，一般认为：在传统城市中，城市大多没有经过统一的规划和集中建设，而是在漫长的历史中逐渐自发形成的。在这种情况下，城市中日常空间和非日常空间的比例与日常活动和非日常活动的比例基本吻合。通常来说，日常性空间占据了主要的部分，服务于非日常体验的公共建筑夹杂其间。现代主义建筑和城市运动中对公共建筑和仪式性空间的片面强调造成了城市空间比例上的失衡。因此，20 世纪后期的城市理论家们普遍对此进行了反思，并且重新强调了日常活动和日常空间对于城市的重要意义。

对此，如同上面我们在讨论目的性和偶发性时提到的，这些被认为是正统的观点在面对今天的现实的时候同样面临着挑战。

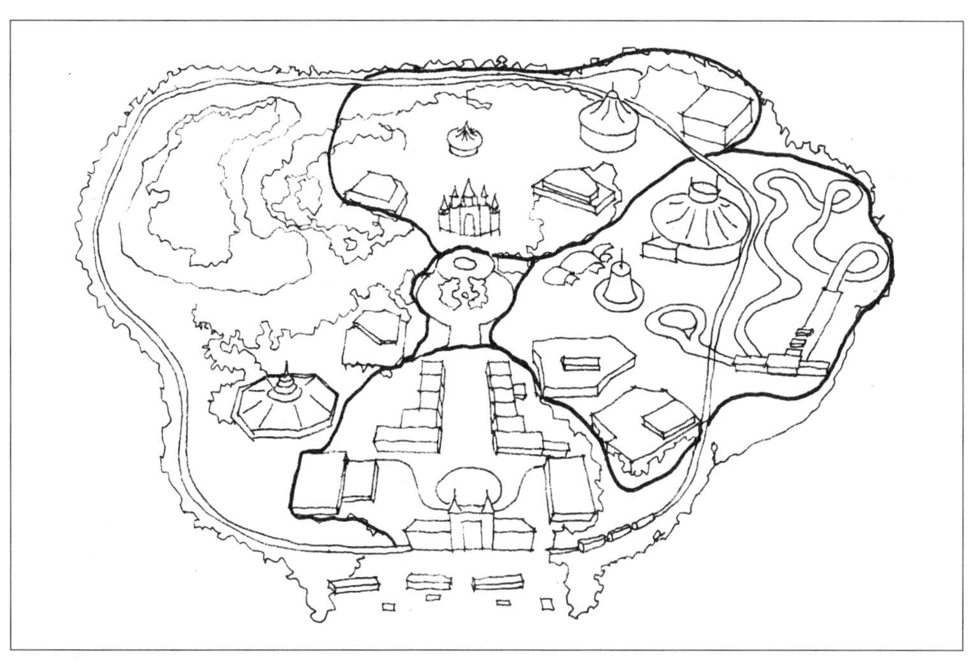

中国香港迪斯尼乐园分区示意：上、下、左、右区域分别为幻想世界、美国小镇大街、探险世界、明日世界，分别对应历史、异域、自然和未来的主题

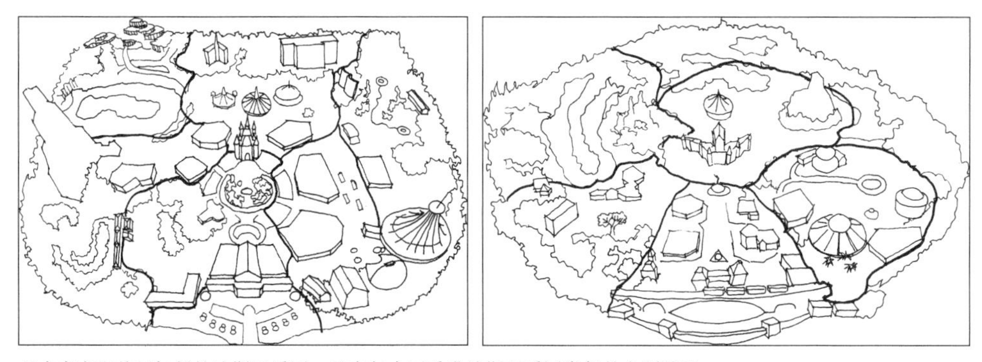

日本东京和美国加州的迪斯尼乐园，具有与中国香港迪斯尼乐园类似的主题设置

图 1–1　典型的非日常性主题

在主题公园中，主题的设计必须突出地体现其与日常生活情态的差异性。自然、异域、历史和未来，是最典型的非日常性主题。

第2章　历史断面中的公共生活与公共空间

本书研究的对象主要是当下的城市，但是城市公共生活和公共空间的关系问题却是从城市产生时便存在的。因此，有必要去考察以往城市中公共生活的模式和公共空间的形态。另外可能更重要的一点是，现有的城市规划和设计理论的成果是在对以往城市的优劣进行考量的基础上产生的，并且这些理论中的相当一部分正在指导着今天的城市建设并影响着城市面貌的改变。如果我们想对这些理论进行有针对性的评价，就需要仔细研究它们所产生的土壤。

本书并未叙述整个城市发展的历史，而是从中截取若干重要的断面来加以考察，在每个断面中，选择某些城市来进行研究。这些断面和城市选取的标准，在于我们认为在某些特定的历史时期，某些城市的公共生活和公共空间呈现出某种典型性，并且这种典型性一定程度上影响了今天我们对城市问题的认知。

2.1　罗马：第一次盛宴

尽管今天一般将古希腊作为西方文明历史的正式开端和第一次高潮，但在此我们更愿意选择古罗马城作为我们的第一个考察对象。这是出于如下几个原因：第一，古希腊雅典城的公民人口（包括公民的家属）在极盛时期约为10万左右，奴隶人口在40万左右，并且由于制度的限制，奴隶对城市公共生活的参与是非常有限的；而古罗马城的人口在奥古斯都时期超过100万。充足的人口数量是城市公共生活发达的基础。第二，相较于古希腊，古罗马的生活更为世俗化，有理由相信，古罗马的市民们有着类型和频率更为充分的公共生活，这造就了古罗马城市在公共建筑类型和数量上的丰富性。第三，政体结构上的差异决定了古罗马时期国家政府拥有更强的经济能力进行首都的城市建设，更长的和平稳定时期也使得古罗马城的城市形态发育得更为完整和成熟。基于以上原因，古罗马城的城市公共生活极其发达，公共建筑和城市公共空间在类型和数量上都达到了一个巅峰。古罗马城在城市公共生活和公共空间方面所达到的高度不仅超过了之前的所有城市，甚至在其后的近千年间，也没有其他西方城市能够企及。西方城市再次达到这一高度，已经是文艺复兴之后的事情了。

古罗马城的公共空间的发达程度的一个重要体现，是沿主要道路和广场形成了公共建筑的集中区域，我们可以称之为城市的公共中心。这种公共中心和其后中世纪城市的城市中心不同，后者一般以教堂为中心，加上市场等少数公共建筑组成，它更多的是视觉和精神意义上的中心，其公共活动的集中程度有限。并且，很重要的一点是，中世纪城市的中心更多是日常生活意义上的，有限的仪式性活动基本围绕宗教生活展开，从城市的空间结构上看，城市中心并没有脱离住宅等建筑而表现出结构上的独立性。而古罗马城的公共中心可以看成是世俗性仪式空间的大集合，但同时，上层社会的富裕使得仪式性的生活一定程度上被日常化了（关于这一点，后文还会有详细的解释），相应的，仪式性空间得到了日常化的使用。作为这一点的体现，古罗马城的城市公共中心表现出了高密度的、连续的（在时间和空间上）、高度世俗化的公共生活情态，在城市形态上，城市中心完全从整体的城市肌理中脱离出来，形成在城市尺度、形态和功能上都迥异于周边的城市区域，以至于我们甚至可以套用今天惯用的说法称之为“CED”（Central Entertainment District，中央娱乐区）（图 2–1）。

图 2–1　古罗马城的城市公共中心

古罗马城的城市公共中心表现出了高密度的、连续的、高度世俗化的公共生活情态，在城市形态上，城市中心完全从整体的城市肌理中脱离出来，形成在尺度、形态和功能上都迥异于周边的城市区域。（图片来自罗马文明博物馆由伊塔洛 · 吉斯蒙迪制作的古罗马模型）

古罗马城的城市公共中心的形态，使它表现出与其他古代城市迥异的特点，反而与现代城市呈现出一定程度的接近。特别是当我们把它与当代的大型商业化城市（纽约、巴黎、香港等）相比照，就会发现，除去因为时代、人口绝对数量、技术等原因导致的必然存在的形式差异之外，两者之间表现出令人惊异的共性：集中的城市公共中心区，公共建筑类型的发达和数量上饱和（甚至过饱和），中心区相对周边区域的独立性，公共空间的高利用率，仪式生活的日常化，人们对公共生活的热爱等，乃至对满足身心欲望的生活方式那不加怀疑的迎合态度和几乎带有末世感的狂欢状态。

想全面地总结造成这种共性的原因是非常困难的，那可能需要一本专门以此为研究内容的书才能够做到。在这里，我们仅选取我们认为对结果的形成非常重要并且与本书的研究关系密切的几个方面来稍作展开加以论述。

首先，整个社会生活的世俗性。我们前面提到过这一点，并且在后面还会反复提及。我们认为这一点对于城市的公共生活和公共空间有非常重要的影响。特别是对于西方世界而言，基督教从来都不是现世性的宗教，它对超越性的追求使其必然压制对于现世生活的过分关注，对罪恶感意识的强调时刻警醒着信徒不能纵情沉溺于感官生活的享受。同时，基督教所强调的最重要的关系是人—上帝的关系（实际中有时体现为人—教会—上帝的关系），人和人之间的关系是以上帝为纽带的，这在一定程度上压制了宗教活动之外的人际交往和公共活动的展开。因此，在西方历史上的宗教化时期，城市公共生活普遍地受到抑制，而世俗化时期，则往往是公共生活到达高峰的时期。

在罗马帝国后期基督教成为国教之前，多神教一直是罗马社会的主要信仰。罗马人的多神教信仰部分承继自希腊，同时混杂了地方传统原始宗教和涌入罗马的各地移民形形色色的宗教传统。与希腊相类似，罗马的众神具有拟人化的特点，他们有喜怒哀乐、有弱点，比起后世一神教的神祇来说更像是力量强大的人。同时，罗马人信仰的现世性更体现在相信人可以通过崇拜、仪式和祭祀求助于神力的护佑，人与神之间存在着世俗化的交易联系。神灵来源的多样性使得罗马人崇拜的神灵数量极其庞大（万神庙的建造就是这种情况的反映），罗马人为这些神明创造了诸多的节日。在节日里，除了举行祭祀仪式，还有宗教游行、体育竞赛以及戏剧表演等活动。

在宗教崇拜之外，罗马帝国形成了前所未有的皇帝崇拜，即皇帝和神明一样作为全民崇拜的对象（其地位甚至高于普通的神明，大致与国家守护神等同）。对此，地方政府创造了无数的节日用来赞颂君主，并且在这个方面形成了城市之间的竞争。皇帝崇拜的节日和宗教性节日一起，构成了古罗马仪式性生活的主体。并且，正如我们前文所提到的，不论这些节日活动最开始的来源是什么，只要不受到严谨的宗教仪轨的束缚，就迟早会发展成打着“纪念”幌子的旨在超越日常生活的放纵狂欢。

其次，财富的增长和集中成为公共建筑大规模建设的基本背景。相对于古希腊人，罗马人对积累财富更加热衷。对外战争的胜利和中央集权的强化对税收的保证使得周围行省乃至国家的财富源源不断地集中到古罗马城。财富集中的对象，一个是政府，另一个是贵族阶层。前者保证了城市基础设施的建设，后者则是城市公共建筑建设的主要力量。在古罗马社会，大型公共建筑的建造是贵族富豪政治的产物，贵族们通过建筑来夸耀财富，同时向皇帝显示他在政治上的忠诚。贵族所掌握的财富，使他们可以独自轻易完成以往必须举整个国家之力才能完成的建设。①

基于上述原因，罗马城在公共建筑方面呈现出明显的过量建设的特点。这里所说的过量建设并不是意味着建成的公共建筑的闲置，而是指建设本身并非是由功能需要所推动。也就是说，并不是先有了居民的功能的增长或是因为原有的需要尚没有得到满足，才导致了新建筑的建设。事实上可能恰好相反，新的公共建筑在建成后，诱导了居民使用的欲望。这个例子很好地说明了，在参与城市公共生活方面，居民的需求是有弹性的，特别是对于非日常活动来说，居民的参与欲望会受到公共设施条件的影响，很难用纯粹的功能主义来解释。其原因是多方面的，包括好奇心、攀比和从众心理等。总之，罗马城在很多公共建筑类型方面出现了严重的重复性建造（一个例子是，古罗马的公共浴室据说在最多的时候大约有 950 座，尽管这个数字未必非常准确，但即使考虑一定的误差，这个数量也已经远远超出正常的城市需要），而这种重复建造诱导了居民对公共生活的参与，并且反过来进一步促进了建造者的积极性，形成了非日常公共空间与公共活动之间互相促进的模式，这种情况和我们今天的大型城市中出现的情况非常接近。

对罗马城的大兴土木来说，和财富的积聚几乎同样重要的原因是技术的发展。相比于之前的时代，古罗马在建造技术上所取得的进展是突破性的。这一方面是因为罗马在军事和政治统治上的成功所带来的人员和技术的汇集，另外也部分地来自于罗马社会对待技术问题的态度：和古希腊人相比，罗马人更注重实用性的技术而不是笼统的“哲学”或“知识”问题，同时和希腊人对于“专家”阶层的推崇态度不同，罗马人更强调技术应该得到普及并得到利用（尽管这一点在很多时候体现为强调技术应该为“国家”或者“皇帝”所用，但这确实有助于打破专家阶层对知识的垄断）。

罗马人对于石料的使用更加熟练而富有效率，但对于罗马城的建设来说更重要的技术应该归功于砖和混凝土的使用。砖的制造方式和标准化极大地提高了建造的效率，混凝土的使用则使罗马人可以通过拱券的结构方式建造大尺度的开敞明亮的室内空间，这两点对于理解罗马人发达的公共生活和城市公共空间都具有重要意义。人们可能愿意花费几十年甚至上百年的时间去为神灵建造一座纪念碑

① （英）格雷格·沃尔夫. 剑桥插图罗马史. 郭小凌等译. 济南：山东画报出版社，2008.

（就像在西方中世纪时期经常发生的那样），但对于满足世俗性享乐功能的建筑来说，很难想象会有人对自己在有生之年甚至都无法见到的东西感兴趣。快速建造大量的公共娱乐建筑，成为罗马城发达的城市生活的基础。同时，混凝土和拱券技术的广泛使用，使罗马建筑摆脱了密集的粗大石柱对于室内空间的限制（这在埃及和希腊时期一直困扰着建造者们），这就使得古罗马的建筑在室内空间的尺度和所能容纳的活动内容方面远远地超出了之前的时代。此外还有一点必须提到的是，罗马人在城市供水技术和设施方面取得的进步，是维持罗马城的人口规模和日常化的享乐生活（比如作为罗马重要的公共活动场所的公共浴场）的基本前提之一。

除了这些与建造直接相关的技术之外，古罗马在技术领域的进步是全方位的。这导致了一些新的活动方式的出现，丰富了公共生活的类型，并且对公共建筑和城市公共空间提出了新的要求。当然实际上在历史上的任何时期都是如此，但是古罗马时期技术的爆发式进步使这一点体现得尤为明显，这和我们在 20 世纪晚期所面临的情况相仿。

最后一点，我们必须提到罗马人的享乐心态。尽管我们前面在谈到罗马的宗教时也涉及这一点，但是，社会生活的世俗性仅仅是导致享乐主义的原因之一，毕竟，我们在历史上能够很容易找到相反的例子（比如文艺复兴时期）。罗马社会的享乐主义心态形成的原因是多方面的，包括我们前面提到的宗教、经济、技术方面的原因，还涉及复杂的社会心理因素，这里不再展开说明。总之，我们可以看到，尽管罗马在一定程度上继承了希腊的遗产，但在整个社会特别是上层社会的心态上，罗马完全走向了希腊的反面，与希腊盛期上层社会普遍的天真、自省、朴素、渴求知识和内心的强大的阳光姿态相比，罗马贵族的世故、贪婪、毫不掩饰的穷奢极欲、对肉体感官享受的无节制的索求表现出强烈的末世意味。这种情况我们往往能够在一个强盛的国家或者社会形态发展到成熟阶段之后看到——人们已经失去了努力的目标，只能在欢愉中消磨时光。讽刺的是，对于城市来说，这却往往意味着公共生活和公共空间的空前发达。对于从希腊到罗马这种社会心态的急剧变化，如果我们想到 20 世纪至今一百年间的变迁的话，想必也不会觉得过于惊讶。

在上文中，我们花了相当的篇幅来说明古罗马城与它之前和之后的历史时期中的城市的迥异之处，并且强调它和今天的大型城市的相似性。其目的在于，我们希望借此澄清两个误区。第一个是那种认为古代城市都差不多的想法，这种论调在最近几十年来以古非今盛行的城市理论界非常常见。另一种是认为城市的发展严格遵循某种特定的方向性的观点。在这个方面，古罗马城提供了一个很好的范例，使我们认识到，被不少城市研究者奉为圭臬的中世纪城镇模式并不是古而有之的或者从来如此的，而今天的大城市和特大城市所面临的一些情况即使从历史上来看也是具有相当的普遍性的问题。

2.2　作为蓝本的中世纪城市

尽管出于符合阅读习惯的考虑，在本章的章节安排上我们最终还是选择了基本遵循时间顺序的模式，但我们一直认为，关于中世纪城市的讨论才是应该放在最前面的内容。因为对这个问题的解读是我们理解当前很多仍然在盛行的城市理论的基础。

在 20 世纪后半叶的城市理论中，中世纪的城镇已经作为正面的范例被谈论得如此之多，以至于值得我们关心的问题已经不是诸如“中世纪的城市是什么样子”或者“什么是中世纪的城市的迷人之处”这样的问题，而是“为什么中世纪的城市得到了现代城市理论家们如此多的关注和积极的评价”。

将城市形态从复杂的城市问题中抽出来加以独立研究，这种思路大致开始于 20 世纪中叶，在 60~70 年代最为盛行。今天仍在发挥影响的很多城市形态理论，都成形于这一阶段。这个时期的西方社会，后现代思想盛行，对“现代性”的反思成为一个总体的基调。对于建筑和城市研究来说，主流的话语是对 20 世纪上半叶现代主义建筑和城市运动的批判。这股思潮表现出强烈的“回溯性”的特点，即不是试图去寻找一种更新的理论或形态来取代现代主义（也许部分是出于对此信心不足），而是力图去证明现代主义城市不如传统城市，从而从根本上去否定现代主义所进行的变革。中世纪城市，就在这种背景，被推到了城市理论研究的前台。

细数这个时期有代表性的城市形态理论，基本都将中世纪的城镇作为理想的城市蓝本。其中最典型的当数阿尔多・罗西和莱昂・克里尔的城市类型学研究，罗西的“基体（matrix）+ 地标（landmark）”①和克里尔的“城市肌理（urban fabric）+ 纪念物（monument）”②的城市形态模式，在中世纪的城镇中得到了最好的体现。其他诸如凯文・林奇和简・雅各布斯等人的研究中，虽然没有直接将中世纪的城市作为研究对象，但其提出的城市设计原则也能够在中世纪城市中得到最清晰的验证（比如林奇的城市意象的五种要素③）。在 20 世纪后半叶，中世纪城市的图景就像一个幽灵，穿梭于各个城市理论著作中。这就使我们不得不去问：是否中世纪的城市形态真的是如此的完美，以至于我们必须借助它来描绘我们心目中的理想的城市形态呢?

在这些城市理论家们眼中，中世纪的城市拥有一个完美的城市所应拥有的一切：适当的规模、合理的结构、自发渐进的形成过程、尺度适宜的街道、闲适而温文尔雅的市民、优雅而适度的公共活动，这一切提供了 20 世纪的城市特别是

---

① （意）阿尔多・罗西．城市建筑学．黄世钧译．北京：中国建筑工业出版社，2006.

② Leon Krier. Rational Architecture：The Reconstruction of the European City. 1978：58.

③ 道路、边界、区域、节点和标志物，参见（美）凯文・林奇．城市意象．方益萍，何晓军译．北京：华夏出版社，2001：35.

大型城市中恰好缺少的东西。而实际上，在中世纪时期的城市中，情况远非如此美好。

西罗马帝国崩溃以后，欧洲世界处于漫长而缓慢的恢复中，并且这个恢复进程不时因为战争、饥荒和瘟疫而出现中断甚至倒退。初期，西部欧洲几乎完全回到了乡村社会，基本没有什么真正意义上的城市。我们今天看到和提及的中世纪城市，其来源大致包括：之前就存在的城市的重建和恢复、商业活动的结果以及宗教的产物。到中世纪晚期，欧洲有超过一千座的城市，但其人口规模大多只有两三万，拥有十万左右人口的城市寥寥无几。而且这些城市除了因为战争的原因拥有发达的防卫设施，以及建设了大量教堂等宗教建筑之外，在城市建设的其他方面的成就乏善可陈。城镇基础设施简陋，空间狭窄，居住条件简陋，公共空间不足。在城市公共生活方面，受到宗教思想的钳制，世俗性生活严重萎缩，大量享乐性的活动受到歧视甚至禁止。同时，经济规模的萎缩造成的社会整体贫困、伴随着帝国的瓦解和战乱而来的技术退步，也使得城市公共生活的复苏和公共空间的重建变得更为困难。对于大多数中世纪城市来说，在日常生活伴随着手工业和商业的发展而逐渐恢复的同时，振奋人心的城市公共活动却仅仅限于一年一度的宗教仪式而已。

既然如此，为什么城市理论家们还如此津津乐道于中世纪的城市呢?

首先，我们应该明确一个概念：实际上，理论家们所喜爱的中世纪城市不是中世纪时期的中世纪城市（这是个拗口的说法，不过我们在此必须强调这一点），而是今天的中世纪城市。众所周知，在很多欧洲国家（特别是在意大利），一些小型城市在今天仍然基本维持着它在中世纪时期的原貌：城市规模、结构以及建筑，等。这些城市有幸逃过了 18 世纪直至 20 世纪上半叶的工业化和城市化浪潮，并在 20 世纪中叶之后随着人类对历史文化遗产价值的重新认识和全球旅游产业的迅速发展而呈现在世界面前。这些城市有着中世纪城市的城市形态，同时有着现代社会的经济、技术、设施基础和生活方式。这才是城市理论家心目中理想的城市。至于这些理想化了的城市和原有的中世纪城市到底有多大程度上的共同之处，我们可以打一个也许不太恰当的比喻：这与沃尔特·迪斯尼创作的那个最著名的童话形象和它在现实中的原型之间的共同之处大致相当。

对于城市研究来说，描绘一种理想的蓝图几乎是一种必需的工作。它赋予枯燥的理论论述以可资引发形象性联想的空间。并且，这种蓝图最好是行业和公众所能够直接认知的，因此它不应该是一种无前例可循的未来式的图景，而最好是存在于某个历史中的片段，并且能够直接被人们所体验。中世纪城市也正是在这种背景下作为一种理想的城市蓝本被提了出来。

需要注意的是，当被作为一种理想化的目标被提出时，这些中世纪城市已经不只代表城市个体本身，而是被抽象化，成为一种“理想城市”的图景，就像柏拉图的希腊城市理想模型、《考工记》的营国制度或者霍华德的田园城市作为一种理想城市的模型一样。这时，它的灵活的城市结构、独特的建筑类型和比例，乃至弯曲狭窄的街道、不规则形状的广场等，就会脱离它产生的背景而被抽象出来，成为和其他的理想城市模型中的明确的几何外形、方格网或放射性道路等相类似的理想化形态要素。（图 2–2）讽刺的是 20 世纪后半叶的很多城市研究者们抨击现代主义城市规划对历史的忽视并津津乐道于中世纪城市的历时性，但这种忽视城市发展的过程和现象的成因而单纯地去塑造一种静态化的理想城市图景的行为恰恰是一种反历史的理念。

《考工记》中的理想城市

文艺复兴时期的理想城市

霍华德的理想城市

中世纪城市形态作为一种理想城市模型

图 2–2　作为理想城市模型的中世纪城市

被抽象化成为一种“理想城市”图景的中世纪城市，具有和其他的理想城市模型同样的意义：它灵活的城市结构、独特的建筑类型和比例，弯曲狭窄的街道、不规则形状的广场等，都被抽象出来，成为和其他的理想城市模型中的明确的几何外形、方格网或放射性道路等相类似的理想化形态要素。

还有一点必须强调的是，这些城镇在今天的生活方式很大程度上是依靠旅游产业特别是跨国跨洲际的旅游产业在支撑，使得它可以不依赖惯常的工业化和城市化发展模式在维持经济收入水平的同时使城市的形态维持在某个历史的断面上。这种城市实际上已经脱离了城市在传统上的正常发展轨迹而成为纯粹的旅游景点，或者说一个大型的主题公园。但是，这种模式很大程度上是无法复制的，如前文所述，旅游目的地和主题公园存在的价值就在于它的特异性，它为旅游者提供了非日常性的活动体验。那么，一方面，特异性的意义就在于无法推广，否则特异性本身就会丧失。另一方面，这种历史性城市的非日常性是和特定的历史记忆相联系才具有感染力的，从这个意义上讲，对于其他的城市来说，它是无法学习的。

此外，尽管不一定明确提及，但上述的城市理论中往往存在着一种倾向，即认为特大型、大型城市、中型城市、小型城镇甚至村镇聚落在空间结构上可以是同构的。这种同构性的努力试图将小型城镇或者是成比例的放大，或者是通过数量的重复来形成更大尺度的城市。它认为大型城市和小型城镇之间存在的差异仅仅是数量上的，而不是本质性或者结构性的。我们认为，这种简单化的城市结构思想在面对城市大型化之后的复杂问题时（这种情况下真正令人困扰的是那些新的问题，而不仅仅在数量上更多的问题）能起到的作用是非常有限的，特别是在我们当下的这个时代更是如此。

基于对现代主义城市规划的批判，20 世纪后半叶的很多城市理论形成了一个套路，即片面强调大型、特大型城市的问题，同时描述小型城镇和乡土聚落的美好（这个时期对此的赞颂在建筑、城市、文化、社会等很多领域都是一种时尚）。这种简单的并置给了人们一种假象，仿佛我们通过某种方式可以把“小且美好”的东西复制到大城市中去。而对于这种移植的过程，理论家们大多有意无意地采取了语焉不详的做法。这种论说方式在这个时代具有“政治上的”正确性，但实际上对解决现实问题毫无补益。

今天我们回过头来看这一段历史，这个时代的很多研究者实际上还不愿意正视业已发生改变的现实，不肯正面面对这个时代面临的最困难、最复杂但同时又必须去解决的问题，即关于大型、特大型城市的问题。在这个时代，现代主义城市规划所造成的问题已经成为一种无可挽回的现实。在这种情况下，选择一个历史图景并沉溺其中，最终会变成对城市现实的逃避，这就和因为某幢建筑的拆毁就可以得意洋洋地宣判现代主义的死刑一样，是一种天真的自欺欺人的态度。

并且，更严重的一个后果是，这种回溯性的思路在学术共同体内一个较长的时期内得到普遍的认同，客观上压制了对于大城市问题的直接关注和对现实问题的敏感度。当这一理论潮流逐渐从主流中淡去，近三十多年来的城市理论界整体处于的失语状态（能够有效地对巨变中的现实作出敏感反应的只有雷姆·库哈斯等少数研究者），不能不说是与此有直接的关系。

最后必须提到，本节的内容并非是要去试图为现代主义城市规划翻案或者否定、质疑上述城市理论家们的努力：他们意识到了我们这个时代的城市存在的问题，选择了相对恰当的蓝本来加以反映，并且事实上促使了学界和公众对大城市发展中的问题进行反思。而本书对此的讨论只是为了避免另一种极端：全球化正在使世界变得扁平，但同时也将世界的各个组成部分之间的差异更清晰地呈现在人们的面前。在这种背景下，普适性的城市形态理论的意义已经变得非常可疑。聚落和小镇虽然美好，却几乎无法为今天我们面临的问题提供答案。特别是对于亚洲或中国的正处于快速城市化进程中的大型城市来说，所有问题的解答都要归于对现状的清醒而深刻的认识，而不是寄希望于某种幽灵般的历史图景。这也正是我们在此回顾有关中世纪城市的问题的意义所在。

2.3　街道生活与现代性

在城市理论研究中，对街道生活的关注和强调似乎是与前述关于传统城市特别是中世纪城市的研究一样兴起于 20 世纪中后期。但事实上，如果去探求街道生活所代表的意义的话，我们需要追溯到非常久远的历史中。

首先，必须意识到一个问题，城市的公共生活特别是户外公共生活，作为一种行为，是部分地违反人作为个体的本性的。请注意，我们在此特别地强调了作为个体的人。作为个体来讲，安全的需求是人类最为基本的需求之一，也是建筑和城市产生的主要原因之一，即防卫的功能。在人类的原始时期，暴露在野外是非常危险的行为，弱小的人类个体在面对大自然的时候是充满了恐惧的。这种恐惧反映在原始的神话、文学和宗教之中。之后，随着群体的扩大、技术和工具的进步以及对自然认识的深化，人类在面对自然时的信心逐渐增强，但人对他人的恐惧开始变得强化。人类个体之间的对抗和群体间的对抗成为人类恐惧的另一个主要对象。随着恐惧的强化并逐渐从实际意义上升到心理和文化意义，建筑和城市带给人的安全感也在心理层面上固定下来。正是从这个角度来看，户外公共生活要求人们从提供安全庇护感的建筑物中走出来，并与他人接触，这一行为就具有了形而上的意义。

科学和技术的进步使人类不再恐惧自然，道德、法律和文化使人们彼此之间能够相处并合作。从这个意义上来讲，对户外公共生活的热爱意味着人类具备了主动调整人与自然和人类之间关系的能力，并且有意识地主动去强化人与自然、人与人的联系，这是人类文明发达的标志。正如亚伯拉罕・马斯洛的需求层次理论的划分，对社会交往需求、尊重需求等较高层级需求的要求，是以基础性的生理和安全需求已经得到充分的满足为前提的。

前文已经提到，中世纪城市的公共生活发达程度相当有限。这一方面是由于人口、经济等客观条件的影响，另一个主要原因则是基督教确立了人与上帝的关系为精神世界唯一的主导关系，而人与自然、人与人的关系都受到了压制。人与上帝的关系要么以教堂和教会为媒介，要么是人在内心与上帝的直接联系（因教派的教义而有区别）——这些都与城市公共生活的情态无关。而公共生活再一次从宗教的桎梏中解脱出来，则是文艺复兴之后的事情了。

19 世纪末的德国社会学家格奥尔格・齐美尔在其《桥与门》一文中，用两对相对的概念——墙与路，桥与门——来描述人类的创造活动。他认为，这两对概念代表了人类活动的两种类型：分离和联系。其中墙和门代表了分隔的活动，而桥与路代表了联系性的活动。在齐美尔看来，无疑后者具有更重大的意义："最先在两地间铺设道路者可谓创造了人间的一大业绩"，"架桥使人类功绩登峰造极"。[1]作为深入研究现代性问题的学者，齐美尔对这两对概念的分析，实际上体现了他对现代性的解读，即认为联系（相对于分离）是人类活动中现代性的重要体现（图 2–3）。

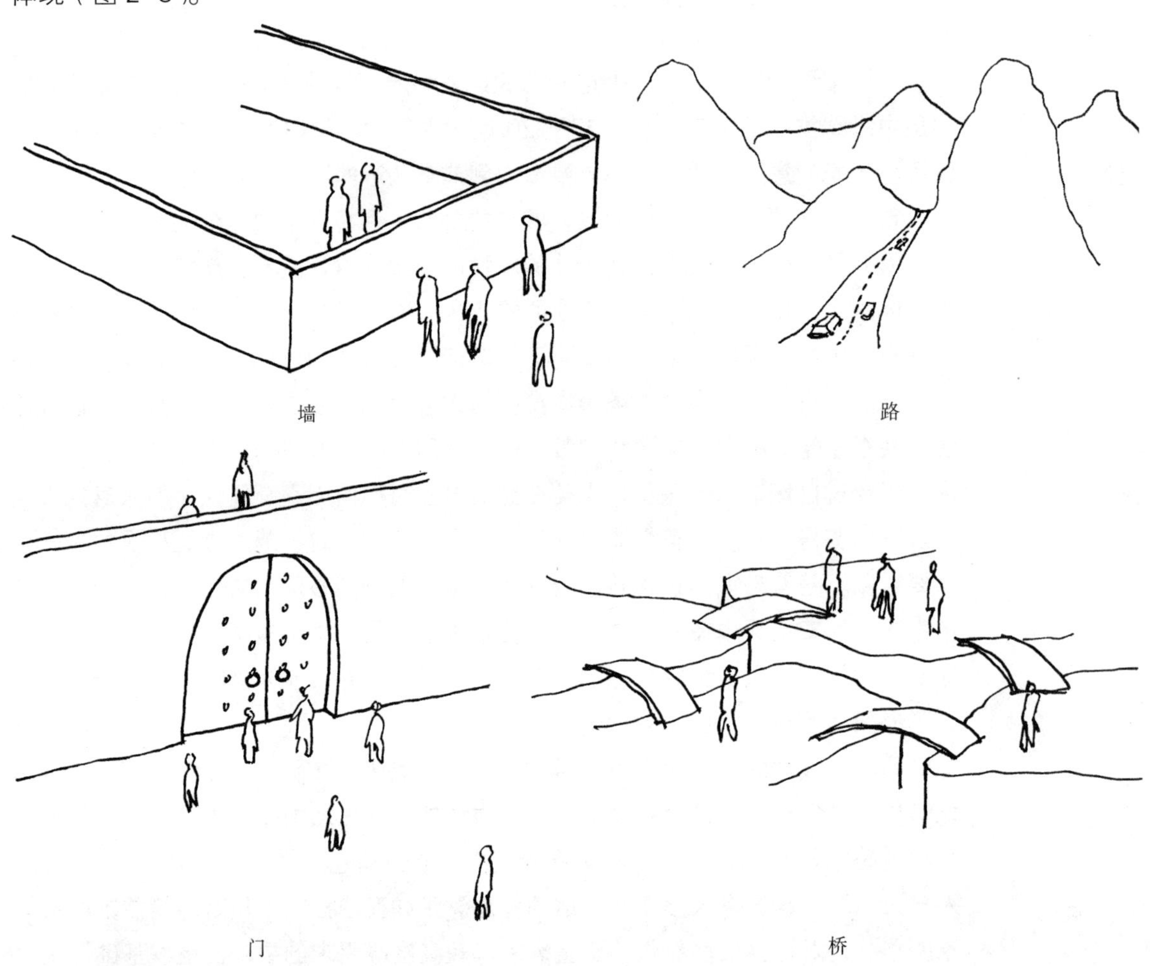

图 2–3　路与墙、桥与门

齐美尔用两对相对的概念——路与墙，桥与门——来描述人类的创造活动。这两对概念代表了人类活动的两种类型：分离和联系。其中墙和门代表了分隔的活动，而桥与路代表了联系性的活动。在齐美尔看来，后者是现代性的象征。

---

① （德）G•齐美尔．桥与门——齐美尔随笔集．涯鸿，宇声等译．上海：生活•读书•新知三联书店，1991：2.

齐美尔的观点在那个时期的学者中具有相当的普遍性。现代性被认为与联系、沟通、开放性等概念相关，而与分离、分隔、封闭等概念相对。现代性（modernity）的概念起源于文艺复兴时期，其时所谓的“现代”即指相对于之前的中世纪时期的“现代”。因此，它从一开始就有了与中世纪保守的宗教传统相对立的含义。这一概念在文艺复兴时期主要与人本主义和对宗教束缚的反抗相联系，其后每一个时代，人们都根据对本时代的时代精神的理解为它注入新的内容。因此，在每个时代现代性都具有不同的概念内核。但如果我们回顾文艺复兴以来的历史，就会发现现代性概念的演变有其内在的线索和确定的方向性。即强调理性主义与人本主义，强调人通过理性的进步可以更积极地处理人与自然以及人与人之间的关系。在实践中，这体现为人对自然支配、控制的能力越来越强，同时人与人之间的关系趋于文明化，人类在面对自然和他人时的心态更加乐观、主动、积极和开放。人们不是束缚于自身的藩篱内，而是主动地与外部世界——自然与社会——接触。无论这种主动性后来是否已经变成了一种狂妄与偏执，无论这种开放性是否已经过于极端以至于我们已经必须对其进行反思，这确实代表了现代性理念的基本精神之一。而这实际上也正是齐美尔以“路”和“桥”的形象作为现代性的体现的一个基本的背景。

因此，城市的户外公共生活，也就因其对人类乐观开放的心态的体现，与现代性观念紧密地联系了起来。

作为城市户外公共生活的载体，街道和广场是城市公共空间的最主要的两种模式。在建筑学和城市形态的意义上，两者的最主要差别不在于形状、比例之类的差异，而在于街道活动是一种行进中的活动，而广场活动则是相对静态的。如果从所容纳活动的类型来划分，一般来说，街道活动以日常性活动为主，而广场活动以仪式性活动为主。原因很简单：街道最主要的功能是交通，所发生的活动主要是可以与交通行为伴随发生的行为，至少应不与交通行为冲突；广场则是专门的容纳活动的场所，对所发生行为的限制较少。

街道活动的最典型例子之一是购物，确切地说，是传统意义上的购物行为（我们在后面的章节将会提到强调这一点的原因）。传统上，购物行为通常伴随选择，这必然要与交通行为产生交集。同时，当购物活动超越了直接的目的性行为而上升为一种体验，其与交通行为伴随发生的意义就变得更加重要。相对的，广场活动的典型例子则是各种各样的仪式庆典，尽管在大多数广场空间中酒吧之类的日常性空间也占据着一席之地，但广场的意义往往还是与它所承载的相对“大”的事件相联系的，即其非日常性。简·雅各布斯在《美国大城市的死与生》一书中强调了街道生活（雅各布斯称其为“街道舞蹈”）与广场活动之间的差异性[①]，这在一定程度上是源自于日常性活动与仪式性活动的差异。

---

① （加拿大）简·雅各布斯．美国大城市的死与生．金衡山译．南京：译林出版社，2005.

街道和广场周边的建筑的性质经常也是与此相联系的。店铺——包括商店以及理发店之类的日常服务性设施——是街道沿途最主要的建筑类型。而大型的，具有特殊意义的公共建筑往往位于广场周边。当然，我们也能看到一些例外，比如沿街道布置的重要的公共建筑。这些例外中的相当一部分印证了我们前面提到过的观点：决定街道与广场的差异的最主要因素不是形状和比例，而是所容纳的活动。也就是说，一些街道因其所容纳活动的重要性，具有了广场空间的性质——成为了重要的仪式性场所，同时交通的意义相对弱化。这种类型的街道实际上已经成为了狭长形状的广场。在那些最著名的大街的名字中，这种类型的街道占据了很大一部分，它们要么成为重要的旅游地点，要么因著名节日或庆典活动而闻名。这种街道活动，已经脱离了日常活动的范畴。

传统意义上，与街道生活相联系的交通一般是指步行交通，它具有适合与街道活动伴随发生的特点：缓慢、随意性、速度可以随心所欲地变化，随时可以停下来、彼此之间以及对其他活动的干扰较小。在传统城市中，其他的交通方式（骑马、乘马车等）都没有威胁到步行交通的主导地位，直到汽车的出现。与步行交通相对，汽车交通的高速度、匀速、目的性、强干扰的特点对公共活动的展开造成了威胁。因此，在过去的半个世纪中，很多研究者专注于夺回城市中被汽车占据的领地。他们的努力部分地取得了成功，至少使得汽车蚕食城市公共空间的速度得到了减缓。但是，在当代的大型城市中，已经无法否认汽车在城市交通方式中的主导地位。这已经成为今日的城市设计者和研究者必须面对的基本背景。

在这个问题上我们能够看到，同样作为现代性精神体现的公共活动和汽车之间产生了冲突。当然我们可以很容易地将之解释为现代性在不同时代的表征而已。但是有的研究者对此提出了更为睿智的解释。美国学者马歇尔·伯曼在《一切坚固的东西都烟消云散了——现代性体验》一书中将20世纪五六十年代美国的嬉皮士运动中的公路文化（其典型代表是杰克·凯鲁亚的小说《在路上》）与传统的街道生活联系起来。尽管伯曼对此也是语焉不详（这实际上是这本书中惯常的叙述特点）并且没有作展开的论述，但从他的思路出发，我们可以将公路文化、高速公路上的飙车和流浪生活视为传统城市街道生活在汽车时代的延展版本。它实现了一种在新的技术产品（汽车）、新的基础设施（全国高速公路系统）、新的空间模式（沿着公路的空旷自然）为载体的情况下将交通行为与公共活动结合的模式。有趣的是，伯曼的一个观点也可以看做是齐美尔的论述的汽车时代版本："在第一次世界大战后的繁荣时期，现代性的主导象征是绿灯；而在第二次世界大战后的高速增长时期，现代性的中心象征则是全国公路系统，驾车者能够在此系统中不遇到任何红绿灯而从东海岸跑到西海岸。"①

---

① 马歇尔·伯曼．一切坚固的东西都烟消云散了——现代性体验．徐大建，张辑译．北京：商务印书馆，2003：440.

如果顺着这个思路走下去，我们最终会不得不面对这样的问题：20 世纪 60 年代的嬉皮士运动等一系列充满反叛的行为通常被认为含有对现代性批判和反动的意味。那么该如何理解其与街道生活这种传统的现代性体现之间的关系呢？如果我们承认这些运动具有反城市的含义，那么是否意味着它们与 20 世纪上半叶的现代主义运动中的城市主义精神是相抵触的呢？要回答类似的问题，我们有必要回过头来，重新认真审视现代主义运动的文化内涵。

一般认为，现代主义建筑和城市运动所倡导的功能分区、汽车交通、高层建筑等要素，是导致现代大型城市形成并造成一系列城市问题的主要原因之一。但是，也许这并非现代主义的本意。实际上，现代主义运动在它产生的初始，就表现出看似相互矛盾的两个侧面：超高密度的特大型城市和田园化的景观。现代主义起源于对复古主义和折中主义的批判，在现代主义者看来，古典时期的城市既是反进步的，又是反自然的。在此基础上，现代性精神对于人与人、人与自然关系的认知出现了分岔，前者（基于技术进步）指向了超高密度的垂直城市，后者则指向田园（典型代表是霍华德的田园城市主张）。而从勒·柯布西耶等人的规划方案可以看出，高层建筑和高密度城市的最终目的仍是指向对田园景观的解放。表面上看似矛盾的二者，实际上有着一致的内在逻辑。

因此，我们认为，现代主义建筑和城市的运动终极的目的，实际上是指向城市的逐渐消解乃至最终消失，从而走向彻底的开放性和田园化。它将原有的城市（古典城市和工业化时期的、仍保留着古典外壳的城市）视为人类与自然、人与人之间沟通的障碍和藩篱，认为随着技术和社会的进步，这种障碍终将被冲破，从而实现人类彻底的自由。从这个意义上来说，现代主义运动带有强烈的反城市的内涵（注意这里所说的反城市与 20 世纪后期的一些反城市理念是不同甚至截然相反的，它的指向不是回归古典而是回到自然）。从这一内涵出发，20 世纪后半叶的郊区化风潮、上文述及的公路文化的流浪行为，便都获得了顺理成章的解释。

如果现代主义运动能够沿着先驱者们事先所预计的轨迹走下去，是否会实现其消解城市，彻底田园化的目标呢？今天，我们已无从去验证这样的问题。后来的研究者大多认为，现代主义运动的失败是由其自身所固有的缺陷所致，同时将当代城市中的问题都归咎于现代主义原则的谬误。这种成王败寇式的结论其实是很值得怀疑的。我们认为，今日城市中的诸种问题，与其归咎于现代主义运动，不如说恰恰是因为现代主义运动的半途而废而造成的。而在造成这种中断的原因中，外在的客观原因，诸如能源危机（这基本上是最主要的原因）、技术水平的限制、政治因素以及人类认知发展中所固有的反复等，所起的作用也要远大于现代主义理论自身的缺陷（即使这种缺陷很大程度上也是来源于其超前性，现代主义运动虽然源自对发展中的社会现实的分析，但它的目标指向和采取的手段却超出了当时社会的经济、技术和社会组织水平所能承载的极限）。

谈到这个问题，我们必须要提到当代荷兰建筑师和研究者们的努力。MVRDV 等人从对荷兰的高密度现状的分析出发，在研究中以一种近乎天真的方式将超高密度的聚居点和田园景观并置在一起，[①]这可能是我们能看到的最接近于现代主义运动本意的形态。

那么，让我们再将目光投向 20 世纪五六十年代。这个时代充斥着酗酒、毒品、纵欲、精神空虚、寻求感官刺激。但同时，人们敢于抗争、满怀激情、思维活跃、意志坚定、追逐自由、充满批判精神。人们走出家门，甚至走出城市。布拉格之春、五月风暴、爱之夏、在路上，这些公共事件从不同角度上诠释了公共活动的内涵。这个时期的西方社会所表现出来的精神气质和古罗马很相似。同样的，如同一种宿命，西方世界的公共生活在此达到了又一个巅峰。套用狄更斯在《双城记》中的一句话："这是最好的时代，也是最坏的时代。"

2.4　叙事性美学与城市设计原则

在 20 世纪中叶，城市设计作为一个独立的学科产生，并在短短的半个世纪间产生了大量的理论成果，基本奠定了这个学科的整体理论框架和知识基础。当然，直到今天，在关于城市形态的研究中仍然有很多基本的问题还存在争议。比如我们这里将要探讨的问题：城市审美的来源是什么？更具体地说，当人们谈论一个城市是否是美的时候，所持的标准是什么。尽管在今天，美已经不再是评判建筑和城市的唯一标准，但审美问题仍然是诸多城市形态理论的基础问题之一。因此我们认为，对这个问题加以深入的探讨仍然是相当必要的，它涉及我们对很多城市形态理论如何认识。

在今天这个时代，任何与美有关的讨论都面临着极大的困惑。因为历史上没有哪个时代如我们今天一般对美的标准具有如此的不确定性。在那些笃定地将美的标准和数学、自然、人体或者神联系起来的时代，人类面对这个问题时的心态是简单而快乐的，他们相信美的标准问题存在像真理一样的确定性答案。但在今天，已经很少有人还对这个答案的存在抱有信心。好在我们在此并不涉及对美的内涵的终极追问，而只是希望对城市审美所涉及的审美思想作一简单的梳理。

美有哪些类型呢，或者说至少从表现出来的情态上，如何对审美行为进行划分呢？我们无法对这个问题给出确切的答案，因此我们在这里只选取与城市形态研究关系最为密切的两种类型来进行探讨：形态性的美和故事性的美。前者是基于感官的（当然既然我们使用了"形态"这个词，那么这里主要是指视觉意义上的，但实际上其他感官会带给我们类似的审美感受，比如动听的音乐和可口的食物），审美过程通过感官直接作用于心灵，其过程带有不可言说的神秘意味。这一类型

---

① MVRDV.KM3：Excursions on Capacity. Actar，2006.

的典型代表包括自然审美、人体审美、传统意义上的绘画和造型艺术等。故事性的美则是基于思维的，审美过程来自于思维对故事性的把握，这个过程通常在一定程度上是可分析的。这一类型的典型代表是叙事性文学和戏剧。此外必须注意到，大多数艺术形式都不是单一的审美形式，而是两种类型的复合，只不过可能其中一种居于较为主导的地位。例如阅读一篇小说，叙事性是主要的审美方式，但同时语言也会带给读者形式化的美感。

传统上，建筑主要被视为一种造型艺术。因此，形态审美是建筑美的主要形式。这种情况下对建筑之美的评价与绘画和雕塑等艺术形式的标准相仿。关于这种形态审美的源头，艺术史上存在着不同的解释，例如归因于对自然的仿摹、与人体的协调、数和形带来的美感、心理的潜意识因素、人群的互相影响甚至神灵等神秘要素。但无论如何，形态审美符合大多数人对美这一概念的理解。即使在今天，是否具有美感仍然是人们（特别是普通公众）评价建筑的主要标准。城市审美很大程度上受到了建筑审美的影响，因此形态美也是其中重要的一个方面，典型例子是欧洲中世纪“如画城镇（Picturesque Town）”的研究。但是，鉴于城市体验和建筑体验在体验方式上的差异性，很难相信在城市形态研究中可以直接沿用建筑形式美甚至纯粹造型艺术的原则。毕竟除了隔河而望的天际线这种极其特殊的视角外，我们很少会遇到真正能够将城市作为图画来纯粹视觉欣赏的机会。特别是当我们审视 20 世纪主流的城市形态理论的时候，会发现很多设计原则很难用纯粹的形态审美来解释。并且，我们认为，相对于形态审美，叙事性审美对城市形态设计原则的影响可能更为深远。为了详细说明这个问题，我们有必要重新审视一下形态审美和叙事性审美的意义及其相互关系。

叙事性审美通过内容的故事性来打动人。它和形态性审美不同，形态性审美不需要媒介，叙事性审美则是以语言为媒介的。与形态审美所带有的“先天性”和神秘的意味不同，叙事性审美一般被认为是后天形成并且可以分析的。它的形成受到语言结构和已有的社会心理结构的影响。这种既有的群体心理结构以一种文化的形式体现出来，即所谓叙事传统。简而言之，叙事传统就是讲故事的方式，但是这种方式不是个人化的，而是特定文化中的群体集体显现出来的心理图式。这种既有的图式会影响文化中的个体的叙事方式，并进而影响到上述叙事性的审美过程。

叙事传统最集中地体现在文学作品（当然还有戏剧，从叙事的角度，戏剧可以看做是文学形象化的体现，同一时代和文化中的文学和戏剧往往是同构的）中。文学经过长期的演化发展出丰富的形式，其中很多已经不再仅仅以叙事作为唯一的目的。但无疑叙事或者说讲故事确实是文学作品最初的目的。西方的史诗和中国最早期的诗歌都是以叙事为主要目的的。故事讲述的内容来源于生活，但讲故事不同于对生活内容的完全平直的叙述。故事的讲述想要吸引听众则需要在生活内容的基础上进行创造性地想象和虚构，并通过特定的情节组织方式，将平淡的生活组织为具有趣味性、巧妙性、戏剧性、冲突性的故事。亚里士多德在其叙事理论著作《诗学》中就强调了“突转”和“发现”等情节组织方式对于内容表达的重要意义：“一切‘发现’中最好的是从情节本身产生的、通过合乎规律的事件而引起观众的惊奇的‘发现’。”[①]在另一部著作《修辞学》中他更是直截了当地指出：“人们对外国人的感情，不同于对本国人的感情，在语言上也如此。因此，给平常的语言赋予一种不平常的气氛，这是很好的；人们喜欢被不平常的东西所打动。在诗歌中，这种方式是常见的，并且也适宜于这种方式，因为诗歌当中的人物和事件，都和现实生活隔得较远。”[②]按照俄国文艺理论家维克托·什克洛夫斯基的“陌生化”理论[③]，情节组织方式的意义就在于通过反常化或者陌生化的方式对司空见惯的生活场景进行重新的组织，以使其具有故事性或者说戏剧性。当这种组织方式得到广泛的认同并且逐渐以文化的方式固定下来，就成为一种叙事传统。

这种传统一旦形成，不仅仅会直接制约人们对文学作品的欣赏，还会逐渐地对人的心理认知结构产生影响，进而改变对其他事物或过程的认知。例如体育比赛，体育竞赛起源于战斗训练，而作为现代意义上的体育竞赛的本意在于锻炼身体、展示人体之美与竞技精神。那么，如果对体育比赛进行审美层面的考察的话，它应该属于形态审美的范畴。但是，经过传统叙事模式的渗透，人们逐渐对体育竞赛建立起更为戏剧化的观赏要求：渴望冲突、对抗、高潮、低谷、对手、主角、英雄、波折、意外、逆转、跌宕起伏的情节，于是，竞赛不仅要提供更快、更高、更强的竞技结果，更要满足观众对一个好故事或者一出好戏的期待。

另一个突出的例子是音乐。作为感官体验，音乐本应主要依靠形态审美来把握，欣赏旋律本身的美感。但最迟从中世纪开始，西方音乐已经表现出明显的叙事性特征。西方传统音乐严谨的结构很大程度上出自于与叙事传统的同构性，并且这种对于叙事结构的追求一定程度上已经超越了对于旋律美感的要求，这一点在古典时期的音乐中表现得尤为明显。同样，中国的传统音乐中也同样有叙事性审美的体现（关于这一点可以参见白居易的《琵琶行》中对音乐的描写）。

这种叙事传统对形态审美的影响也同样体现在建筑和城市领域。西方古典建筑的平面序列组织、戏剧性的空间、分段式的立面划分，都体现出叙事性审美的影响。与一些人的想法不同，古典建筑上叙事题材的装饰，反而不是建筑中叙事性审美的主要体现形式。因为这已经从建筑审美进入了造型艺术审美的范畴。因此，现代建筑虽然基本去除了装饰，但其叙事性的表达并没有被削弱。相对于建

① （古希腊）亚里士多德．诗学．罗念生译．北京：人民文学出版社，2002：27-30，47.

② （古希腊）亚里士多德．修辞学．伍蠡甫主编．西方文论选（上卷）．上海：上海译文出版社，1979：90.

③ 关于陌生化（defamiliarization）的概念，参见俄国形式主义代表人物之一维克托·什克洛夫斯基的论文《作为手法的艺术》。维克托·什克洛夫斯基等．俄国形式主义文论选．方珊等译．生活·读书·新知三联书店，1989：1.

筑来讲，城市体验更依赖于空间和时间的变化，因此城市审美的叙事性体现得更加明显。认识到这一点，我们会更容易理解很多城市形态设计原则的意义。比如说凯文・林奇的城市意象五要素，与其说是形态美学原则，不如说是叙事结构原则来得更为恰当。同样，阿尔多・罗西和莱昂・克里尔的城市类型学的研究，也带有强烈的叙事结构分析的特点。

从以上分析可以看出，城市审美的叙事结构受到文学叙事方式的深入影响。特别是对古典城市来说，古典城市的叙事性和古典音乐的叙事性一样，都来自于对文学叙事方式的模仿。这种叙事性审美对形态审美的影响和渗透，除了如上文所述源于叙事结构对人的思维结构的影响以外，还部分来自于社会文化因素的推动。在人类历史的进程中，叙事性审美和形态审美的发展是沿着不同的脉络进行的。美国人类学家罗伯特•雷德菲尔德在其《农民社会与文化》一书中提出了“大传统”与“小传统”的概念。其中，大传统是一个文明中那些内省的少数人的传统，体现为精英文化、城市文化；而小传统则是非内省的多数人的传统，体现为大众文化、乡土文化。一般来说，大传统作为官方或精英文化的代表，它的流传一般是通过学校或教堂中的教育、典籍记载或者制度传承等正式的方式实现的；相对地，小传统作为民间草根阶层文化的代表，其流传依赖于村落文化中的习俗或口口相传的方式[①]。

叙事性审美以语言为载体，与文学的天然联系决定了其文化上的精英属性，特别是在传统社会知识为少数人所垄断的情况下更是如此。而形态审美则更具有普遍性，它可以为几乎所有人所体验。从这个意义上来说，叙事性审美相对于形态审美更具有类似于“大传统”的特征。按照雷德菲尔德的理论，大传统与小传统之间存在着相互的影响、渗透和转化。但相对来说，大传统对小传统的影响和渗透通常处于较为主导的地位。越是在存在主流的官方或精英文化形态的社会中，这种大传统与小传统之间交流的不对称性就越明显。叙事性审美对形态审美的渗透甚至支配，一定程度上也是这种不对称性的体现。

具体到历史上的艺术和审美活动中，叙事性的强势地位的一个重要的体现就是文字的神圣性。不同于图像的人人皆可理解，文字在传统社会中通常仅为少数精英阶层所掌握，这一阶层掌握着制定政治规则、支配意识形态和书写历史的权利。因此，文字在历史上往往被赋予某种神圣性。这种神圣性尤其体现在叙事艺术中（史诗、戏剧，当然更典型的例子是《圣经》的叙事化的书写方式），这导致了在相当长的时期里，视觉艺术表现出对叙事艺术的依附，即形态为了叙事而存在，纯粹的形态审美功能反而退居其次。以绘画为例，从石壁上的原始岩画、陵墓中的壁画到教堂中的绘画，都不是以纯粹审美而是以内容的叙事性为主要创

---

① Robert Redfield. Peasant society and culture：an Anthropological Approach to Civilization. The University of Chicago Press，1958.

作目的。中国传统中也有同样的情况，中国传统园林营造中重文人、重意境而轻匠人、轻建造的态度，一方面固然是因为轻视手工业的传统，另一方面也有认为文学情境高于形态创造的因素使然（当然，就这一点来说，中西方传统中不同的表现亦很明显。西方的史诗性的叙事传统绵亘至今，而中国的诗歌传统很早就从叙事转向抒情写意，文学传统和造型审美传统出现了一定程度上的融合，因此中国传统上诗和画之间呈现了更为融洽的关系，与西方长时间内文学对画的支配形成了对照。此外，仅就叙事性本身而言，中国传统园林中体现出来的叙事结构与西方建筑、园林的差异，也是中国叙事传统与西方的差异的反映）。

此外，另一点值得注意的是，如前文所述，城市审美中叙事性审美具有主体性的地位，而传统上叙事性审美本来就受到精英阶层文化的支配性影响。因此，传统的城市审美带有强烈的精英化审美意味。一方面，城市美学与同时代叙事结构的同构性主要体现为与精英文化和官方文化的关系，即使是小型的、边缘化的城镇也往往如此。另一方面则体现为，在很多城市理论家看来，城市形态审美是高雅文化的体现，是需要一定知识背景和审美能力的人群才能产生的体验。这种情况虽然在近代以后有所削弱，但在 20 世纪的很多城市形态设计理论中，我们还能看到清晰的痕迹。特别是发源于美国的城市理论中，能够很明显地看出社会主流阶层——中产阶级——思想文化和意识形态的体现。这一点，我们在下一节中还将加以详细解说。

2.5 简·雅各布斯：理论的细节①

19 世纪美国科学哲学家查尔斯·桑德斯·皮尔士在他的科学分类分级系统中，将理论科学（与实用科学 Practical Science 相区别）分为两大类：发现之科学（Science of Discovery）和反思之科学（Science of Review）。发现之科学包括数学、哲学以及包含物质类科学和精神类科学在内的各专门类科学；反思之科学包括科学史、科学自身之分类以及综合形态的哲学，是一种包含历史性、系统性和实用性的理论系统。②

皮尔士没有提及建筑学在他的分类体系中所处的位置，应该是将其纳入了实用科学中的工程学一类。建筑学中确实包含属于工程学范畴的内容。但除此之外，却也有相当一部分建筑与城市理论，试图从理论上探讨对建筑与城市的价值判断问题。特别是当提及“建筑学”而不是“建筑科学”时，我们所指的正是这一部分内容。这些理论并非纯粹以解决工程技术问题为目的，更不同于皮尔士所说的发现之科学，倒是与其所谓反思之科学颇有相同之处。这并不符合皮尔士所说反

① 本节曾以论文形式发表于《华中建筑》，编入本书时有删改。

② Charles Sanders Peirce. Peirce’s outline classification of sciences，http：//www.uta.fi/~attove/peirce_syst.PDF，1903.

思之科学的本意（根据后世科学史家的研究，皮尔士所说的反思之科学带有强烈的“科学元勘”的意味），但确实有助于我们理解建筑和城市理论与发现之科学，特别是其中的自然科学理论之间的显著不同之处。首先，发现型理论有明确的正确与谬误之分，彼此矛盾的理论将最终被证明只有一个是正确的，而失败者将失去价值并迅速被遗忘。反思型的理论彼此之间不存在必然性的矛盾，即使存在矛盾也可以共存并同时具有价值。其次，发现型理论通常适用性广泛，不受时间与空间的制约。反思型理论的正确性往往受到特定条件的限制。最后，发现型理论一旦建立，自身就具有独立性，理论的内容与建立者、建立时代、建立背景及具体的建立过程无必然的关联性，也不需要这些内容作为理论的支撑（因此科学史成为独立于具体科学理论之外的学科）。而对于反思型理论而言，上述因素影响着理论的建立、对理论价值的评价以及理论所能产生的影响，从而成为理论内容不可分割的一部分。

之所以提到皮尔士的理论，目的在于通过考察上述文本之外的理论细节指出这样一个事实：对于建筑和城市理论来说，其细节（包括理论家、其所处的时代、理论建立的背景以及建立过程等）是非常重要的。很多我们今天奉为圭臬的理论，并非在它产生之初就具有天然的正确性；反之，所谓错误的理论也并非天生谬误。甚至在一些情况下，今天看起来天壤之别的理论在它们产生时可能在立场上相去不远。这个事实提醒着我们，任何将既有的建筑和城市理论抽象化作为指导实践的旗帜或攻击的标靶的行为都具有相当的危险性而必须谨慎为之。特别是在建筑和城市理论在时间和空间上的普适性都非常有限的情况下，将理论抽象化具有重要意义，但追寻理论的细节几乎同样重要。

如果我们带着这样的态度去审视 20 世纪后半叶诸多的城市形态设计理论，追究它们的细节，就会发现它们原本不易为人所注意的侧面。一个典型的例子就是简・雅各布斯的城市研究。

简・雅各布斯是 20 世纪后半叶对美国乃至世界城市规划发展影响最大的人之一，出版于 1961 年的《美国大城市的死与生》在当时的美国规划界乃至社会公众中引起了巨大的震动。今天，很多研究者将这本书的出版视作美国城市规划转向的重要标志，甚至视这本书为 20 世纪中叶美国政府的大规模城市更新运动（从 1949 年美国的《住房法》颁布开始到 1972 年终止，主要内容是清理贫民窟、大规模商业性开发和道路等城市基础设施的集中建设）得以终结的主要原因。无论是雅各布斯的支持者还是反对者，都无法否认她的理论对城市规划和设计实践的巨大影响，正如当年的美国公职规划学会（APAO）会长丹尼斯・奥・哈罗所抱怨的：“简・雅各布斯的书对城市规划来说是非常有害的……但我们将不得不和它生活在一起。”今天，雅各布斯的观点已经在规划界得到了普遍的认同，《美国大城市的死与生》一书被很多建筑和规划院校列为学生必读书目。但是另一方面，很多时候，这本书以及雅各布斯的城市理论已经被抽象化了，人们仅仅注意其原则甚至仅仅是立场，而不再去关注其中及其背后的细节，这往往会导致我们对理论本身作出偏颇甚至错误的理解。

首先，我们必须注意到，雅各布斯和她的书在她所处的那个时代并不是一个个例。实际上，在那个变革的年代，在各个领域都有类似的人和理论出现，比如我们下面要提到的蕾切尔·卡森。

1961 年，简·雅各布斯出版了《美国大城市的死与生》，第二年，蕾切尔·卡森出版了《寂静的春天》。经过 20 世纪 50 年代快速的经济增长，西方世界已经走出了战争的创伤，匮乏不再成为问题，富足使人们有可能去反思快速发展的弊病，进而反思其后的理性与现代性观念。于是，在这个十年中，黑人民权（马丁·路德·金，《我有一个梦想》，1963 年）、妇女解放（贝蒂·弗里丹，《女性的奥秘》，1963 年）、反战（鲍勃·迪伦，《答案在风中飘》，1963 年）、校园民主（五月风暴，1968 年）、环境保护（蕾切尔·卡森，《寂静的春天》，1962 年），乃至各式各样的哲学、艺术思想仿佛在一夜之间全都生长出来，并在其后的半个世纪中影响甚至决定着西方社会的文化风景。《美国大城市的死与生》与《寂静的春天》也是这场思想运动的一部分。在其后的年月里，这两本书被给予了很高的地位，在各自的领域都成为一面旗帜，甚至很多人认为是它们促成了所在领域的方向的转变。

而实际上，在《美国大城市的死与生》出版前，美国大规模的城市建设计划已经逐渐停顿下来，雅各布斯也不是最早开始对大规模城市改造进行批评和反思的人（较早提到这个问题的出版物包括：《建筑学评论——人造美国》，1950 年；《美国天际线》，1956 年；《爆炸的大都会》，1957 年；《规划与社区面貌》，1958 年）。正如早在《寂静的春天》出版之前，科学界早已清楚 DDT（滴滴涕，双对氯苯基三氯乙烷，对 DDT 作为农药使用所造成危害的研究，是《寂静的春天》的主要内容[①]）的危害，并试图就此引起政府和公众的关注。

但是，在同时代的各自领域里，没有人能像雅各布斯和卡森一样，在最广泛的范围内——从专业的核心领域到普通民众——掀起了强烈的关注。这一方面得益于她们独特的职业背景——雅各布斯是一名记者和杂志的撰稿人，而卡森虽然在职业生涯早期是一名水生生物学家，但其后随着其写作才华的逐渐显现，也逐渐走上了职业作家之路——这种背景使她们对社会问题具有敏感的直觉，同时知道用什么样的语言能够打动公众。另一方面，这与她们的性别也不无关系，女性学者特有的将愤怒的嘶喊和脉脉温情巧妙融合的笔调与同时代大多数专业研究者的刻板文体形成了鲜明的对照（雅各布斯的写作方式被后来的研究者马歇尔·伯曼称为“都市蒙太奇风格”。伯曼同时强调了雅各布斯的女性视角的重要意义：“雅各布斯的书中还有一个当时似乎无人注意到的重要预见。《美国大城市的生与死》让我们第一次看到了自亚当斯以来妇女对城市所持有的清楚明白的观点。在一种

① 蕾切尔·卡森．寂静的春天．吕瑞兰，李长生译．上海：上海译文出版社，2008.

意义上，雅各布斯的观点是更加女性化的：她的观点出自一种亚当斯只是间接知道的热情认真的家庭生活……她使自己的读者感到，就大街上的日常城市生活而言，妇女们要比设计和建造大街的男人们懂得更多"[①]），而这正是为那个年代的中产阶层所欣赏的。正如美国学者罗伯特·卡罗所指出的，雅各布斯并不是一流的讲述街区和社群关系的城市理论家。"但是没有人像她描述得这样辉煌，她代那些需要发声的事物发出了声音。她也将纽约展示为一个带有'庸俗的复仇美学'的城市。"

另一方面，《美国大城市的死与生》与《寂静的春天》这两本书具有同样的局限。雅各布斯将矛头指向了快速的城市改造但并没有提出有效的应对之策，这更多的是顺应了那个时代放慢速度的要求。尽管她热爱纽约，但她笔下的理想蓝图更接近前现代时期的欧洲城市。同样的，卡森主张的以生物学方法代替农药来控制虫害的方式即使在今天在很多发展中国家也是不现实的，而其影响下世界范围内对 DDT 的大范围停止使用甚至被认为是间接导致了数千万人死于疟疾的原因——DDT 是一种价格低廉且有效的灭蚊药物，在非洲、南美、南亚的很多地方，蚊虫叮咬所带来的致命疾病是比农药的毒害严重得多的威胁（2000 年，科学杂志《自然》药物学分册发表了一篇由英、美两国科学家共同撰写的文章，呼吁在发展中国家重新使用 DDT。2006 年，世界卫生组织发表声明，修改了实行多年的防治策略，公开号召非洲国家重新使用 DDT 来防止疟疾流行[②]）。当然，对于职业写作者而非专业技术人员来说，要求其不仅能提出问题同时还要提供解决之策本来就是一个过高的要求。

因此，也许《美国大城市的死与生》和《寂静的春天》的价值正是在于其批判性，而将它们作为建设性的导引可能会带来比它们所反对的东西更坏的结果。譬如在对速度的追求成为无法改变的背景时，单纯地对"快速"的批评和对缓慢的温馨回忆其实并无助于问题的解决。从这个意义上讲，为了反对而存在成为了雅各布斯及那一代知识分子的宿命，他们的价值是和他们的对手联系在一起的。

可以看出，雅各布斯和卡森的理论具有惊人的相似性，这不仅体现在共同的时代背景上，理论内容上的关联（对理性和现代性的反思和批判），也有理论结构和文本叙事方式上的类似性。并且，如果我们扩大考察的范围，会发现这种相似性甚至可以扩展到同时代各领域的诸多重要文本中。一定程度上，这种类似性决定了他们而非同时期的其他文本在历史上所达到的重要地位。

另一方面，我们也必须看到，在雅各布斯卓越的理论和实践之外，在同一个时代，也有一些同样可以称之为卓越的人们站在她的反面，比如罗伯特·摩西。如果说从一个时代的大背景下看来，雷切尔·卡森可以称为是简·雅各布森的盟

---

① 马歇尔·伯曼．一切坚固的东西都烟消云散了——现代性体验．徐大建，张辑译．北京：商务印书馆，2003：429.

② 袁越．寂静的春天不寂静．三联生活周刊，2007，06.

友的话，那么罗伯特·摩西则是她的对手。

作为雅各布斯的活跃时期以及更早的很多年间的纽约市城市建设的实际掌控者，摩西的所作所为正是雅各布斯所批判的对象。雅各布斯并不是摩西唯一的批评者。1974 年，罗伯特·卡罗出版了名为《权力掮客：罗伯特·摩西和纽约的衰败》（The Power Broker：Robert Moses and the Fall of New York，中文版译为《成为官僚》）的摩西传记，对摩西进行了激烈批判。该书记述了摩西通过掌控纽约市的权力，推行他的城市改造计划，使得与他结盟的利益集团受益，而让大量居民丧失家园的过程。[①]随着该书获得普利策奖以及雅各布斯的名声日隆，摩西的声誉也跌到了低点。

但是，当今天我们回顾 20 世纪的纽约建设史，会发现摩西的成就几乎和他的错误一样闪亮。正如拉塞尔·雅各比在《最后的知识分子》一书中所说："只要列举摩西的几个计划就可以看出他的影响，高速公路有：迪根主高速、凡·威科高速、谢立丹高速、布鲁克纳高速、克罗斯·布朗克斯高速、长岛高速、哈莱姆河车路、西部高速、南北州公园大道、布鲁克林——皇后高速、索·米尔河公园大道、克罗斯岛公园大道；桥梁有：特伯勒、维拉扎诺、思罗格斯·奈克、亨里·哈德逊、布罗克斯——怀特斯通；公园有：琼斯海滩（也许是他最大的创造）、森肯草地、蒙塔克、东点、火岛、卡浦特里；加上水闸和房屋规划。而且，这还只是一部分目录。"[②]路易斯·芒福德曾总结道："在 20 世纪，罗伯特·摩西对美国城市的影响比其他任何人都重大。"尽管作为摩西坚定的批评者，但芒福德这句话恐怕不能说全然出于贬义。2007 年，三个关于摩西的展览"三区大桥：罗伯特·摩西与汽车时代"、"罗伯特·摩西与纽约城市的再造"、"罗伯特·摩西与大纽约的城市规划"在纽约举办，策划展览的建筑师认为，人们过多地将注意力集中在罗伯特·摩西对城市的破坏，却很少去关注他为纽约市作出了什么样的贡献，并提出应当用新的眼光来看罗伯特·摩西的所作所为。

隐藏在雅各布斯和摩西迥异的理论和实践之后的是共同的以中产阶层价值取向为核心的城市理想。这事实上是很多美国城市和建筑理论的一个隐含前提，即一个稳定且能主导社会思想文化的主流阶层——中产阶级的存在。这个阶层的成员之间在思维方式、意识形态、生活方式、审美品位等诸多方面都相去不远，并且长期保持相对稳定。因此，在很多关于城市和建筑问题的争论中，各方的立场其实相差并不是很大，或者说争论是在一个各方都默认的共同平台上进行。雅各布斯和摩西，他们在理论和实践方面均处于冲突状态，但在这种冲突背后，他们对于纽约城却怀着近似甚至是共同的理想。或许可以说，罗伯特·摩西的实践和简·雅各布斯的理论恰恰代表了中产阶级城市理想的两个方面：一面是英雄主义

---

① 罗伯特·A·卡罗．成为官僚．高晓晴译．重庆：重庆出版社，2008.

② （美）拉塞尔·雅各比．最后的知识分子．洪洁译．南京：江苏人民出版社，2006.

的现代都市，另一面是波希米亚式的温馨小镇（马歇尔·伯曼含混地指出了摩西和雅各布斯在城市意象建构方式上的相似之处，他甚至试图论述雅各布斯与摩西本质上同为现代主义者，不过这一点遭到了拉塞尔·雅各比的尖锐批评）。而雅各布斯对摩西所取得的胜利，同样是 20 世纪 60 年代之后美国中产社会价值转向的一种体现。

同时，关于雅各布斯的研究，还有一点是非常值得我们注意的：雅各布斯最重要的研究样本就是纽约城（尽管波士顿等城市同样是其所关注的对象，但都无法代替纽约在其研究中所占的比重），而其所居住的格林尼治村及其周边地区更是雅各布斯重点关注的对象（同时也是移居加拿大之前雅各布斯社会活动的主要相关区域）。问题在于：作为一座城市，20 世纪中叶的纽约在整个美国甚至全世界范围内来说都是非常特殊的，同样的，当时的格林尼治村也并非一个普通意义上的城市居民区，其特殊性即使在纽约这样的城市中也是显得非常耀眼的。

由于历史、政治、经济等诸多方面的综合作用，纽约很早地实现了一种充分的混合和多样化的城市结构（无论是在功能层面、空间层面、形态层面，还是在人的层面），这种混乱但富于魅力的特质在其后的二三十年间逐渐出现在世界上其他一些超大型城市中（例如东京），但在 20 世纪 50~60 年代那个时期，纽约在这个方面几乎是独一无二的。在这座城市中，商业和文化、政治与艺术、时尚和叛逆、先锋与保守、亢奋与空虚、历史与未来、高雅与艳俗，以及其他所有我们这个时代能够想象出来的东西，以一种奇异的姿态和谐相处。借用美国学者马泰·卡林内斯库的说法，我们可以说，纽约是那个时期唯一同时表现出现代性的五副面孔——现代主义、先锋派、颓废、媚俗艺术、后现代主义[①]——的城市，是 20 世纪现代性的最集中体现。真正的现代意义上的（而非传统的中世纪式的）街道生活，在这座城市中有着最典型也是最激动人心的样本。多种城市要素和进程的冲突也为雅各布斯的研究提供了灵感的源泉。同时，相对宽松的政治和学术氛围使得相对“异类”的观点和实践能够存在并得到表达。此外，还有一点不能忽视的是，纽约城有着那个时代最为发达的媒体系统，这使得雅各布斯的声音能够被最大化地传播出来，并且迅速地产生影响。以上诸种因素，对于雅各布斯城市理论的形成和产生影响力来说缺一不可，而纽约，几乎是那个时代唯一能同时提供这一切的城市。

而位于曼哈顿下城的格林尼治村，则是“一个在历史上和文化上被神化为先锋派活动领域的地方”[②]。在 20 世纪 50~60 年代，在这个传统的波希米亚小村中聚集了各个门类最先锋的艺术家们：戏剧、舞蹈、电影、视觉艺术、文学、音乐、

① （美）马泰·卡林内斯库．现代性的五副面孔：现代主义、先锋派、颓废、媚俗艺术、后现代主义．顾爱彬，李瑞华译．北京：商务印书馆，2002.

② （美）萨利·贝恩斯．1963 年的格林尼治村——先锋派表演和欢乐的身体．华明等译．桂林：广西师范大学出版社，2001：3.

美术等，并且形成了一个巨大的由艺术家、剧院、咖啡馆和创作社团组成的艺术网络。在对这一段历史的研究中，美国学者萨利・贝恩斯引用了米歇尔・福柯在《另类空间》一文中提出的“异托邦”（Heterotopias）[①]的概念，并且指出格林尼治村正是20世纪60年代早期美国的异托邦："格林尼治村更加自由、更无秩序，相对于美国社会（有人已感觉到它正在日益官僚机构化、日益为技术专家所控制）的其他真实空间面而言较不‘完善’。"[②]这种相对的不完善反而成就了格林尼治村独特的混合性的特质，在城市结构方面同样是如此："在20世纪60年代早期，纽约市正在进行着大规模的破坏、改造、建设活动。格林尼治村敏感地意识到了它在许多方面的历史性特征：古雅的历史纪念性建筑区、放荡不羁的波希米亚区、少数民族地段。这确是一个具有坚定自觉意识的村子，由于几股历史文化相交织，其居民的思想成功地（部分地通过长时间的地理隔绝来实现）在不断增长的、泯灭人性的大都市化进程中保持了一种对于面对面地‘可靠’经验的温情。"[③]从这个意义来说，格林尼治村虽然地理上位于城市中，却具有乡村的特质，是一座城市中的乡村，无论是在文化意义还是社会意义上都是如此。同时，这种乡村特质与纽约这座超级城市的气质奇异地混合在一起。这种独特的气质一方面来源于格林尼治村的波希米亚传统，另一方面则来自于聚集的先锋艺术家们有意识地塑造："在一个郊区膨胀得到高度赞扬而城市衰微的时代，格林尼治村这个异托邦中的一群知识分子与艺术家们无忧无虑地生活着，似乎这个城市早已恢复元气。当他们建立合作社与集体以生产、销售他们的作品时，他们也这样生活着，仿佛美国官僚主义不断成长的幽灵已被驱除。他们创造的文化——包括艺术——是为小范围的圈子准备的：和日常生活融为一个整体，结合工作与娱乐，模糊参与者与观察者的差别。但因为他们在波希米亚的格林尼治村圈定了自己的地盘，作为致力于颠覆传统的先锋艺术家，为创造其社区艺术，他们不得不再造社区。"[④]因此，格林尼治村的街道生活虽然值得欣赏，但却并非美国城市街道生活具有普遍性的代表，而是一种属于这个特定的艺术社区内独特的街道生活情态。作为雅各布斯的城市研究和对抗性的城市实践很大程度上得以建构其上的基础的格林尼治村的日常生活以及其在城市发展中所面对的问题，也因此具有相当的特殊性。其中很大一部分并非纽约城所普遍面临的问题，而是格林尼治村独特性的问题（正如不能将早期798艺术区的生活形态视为北京当代生活的代表）。此外，格林尼治村具有一种混合了怀旧和先锋的独特的精神气质，这在一定程度上影响了雅各

① （法）M・福柯．另类空间．世界哲学，2006，6：52-57.

② （美）萨利・贝恩斯.1963年的格林尼治村——先锋派表演和欢乐的身体．华明等译．桂林：广西师范大学出版社，2001：1.

③ （美）萨利・贝恩斯.1963年的格林尼治村——先锋派表演和欢乐的身体．华明等译．桂林：广西师范大学出版社，2001：3.

④ （美）萨利・贝恩斯.1963年的格林尼治村——先锋派表演和欢乐的身体．华明等译．桂林：广西师范大学出版社，2001：27.

布斯的城市取向："正如明智的历史学家拉塞尔·雅各比所指出的，关于格林尼治村的一个反复出现的神话就是：在当时的那代人看来，作为波希米亚式的格林尼治村的盛年总是刚刚过去。在 20 世纪 20 年代，马尔科姆·考利是这样感觉的，50 年代晚期的米尔顿·克朗斯基也是这样感觉的，60 年代初期的迈克尔·哈林顿与斯坦利·阿罗诺维兹也是这样感觉的。只要格林尼治村的艺术景观还在代代相继，这种伤感就会持续复现，"[①]很难说雅各布斯的城市研究不是这种伤感传统的一部分。

上述几个事实仅仅是围绕在雅各布斯和她的城市理论周围的大量有趣细节中最引人注目的一部分，其他值得注意的细节还包括：雅各布斯与路易斯·芒福德之间的同盟与争吵、贯穿她职业生涯的社会活动和公众斗争实践，等等。这些事实一起勾勒出了一个关于雅各布斯城市理论的完整轮廓。如我们前面所言，这一轮廓远非抽象的理论原则或盖棺定论式的评价所能概括。

① （美）萨利·贝恩斯.1963 年的格林尼治村——先锋派表演和欢乐的身体.华明等译.桂林：广西师范大学出版社，2001：23-24.

第3章　技术与产品：极速时代的城市意象

技术对于我们这个时代最直接的影响就是产生新的产品。与以往时代技术与产品之间那种若即若离、充满偶然性的关系相比，在今日社会中，研发体系的完善和投资资本的敏感性，使得新技术与新产品之间的关系变得日益直接与平顺。其结果就是每天有大量新的产品被发明和制造出来，在现代社会，每一年产生出来的新产品都远远超过过去时代上百年才能达到的成果。同时，现代工业化大生产的机制使得发明的成果能够迅速地被大批量地制造出来，并以可接受的价格为大众所使用。这就使得技术和产品对社会的影响变得直接而迅速。一方面，新的产品更好地满足了功能的需要，同时又有新的功能被诱发出来（这一点在今天尤为明显），这都会改变城市的功能结构。另一方面，产品会逐渐影响和改变人的行为模式和生活方式，进而改变城市的空间结构。我们认为，今天，技术和产品对于人和社会的影响已经超出哲学等意识形态的影响，并且一定程度上支配着文化和思想的演化。正如雷姆·库哈斯对彼得·埃森曼所说的“人类基本视野的变化起源于哲学的变化”所做的充满嘲弄的回应：“人类视野的变化起源于电梯的产生”。

3.1　速度的狂欢与梦魇

对于最近一百多年来的城市发展，汽车无疑是最重要的发明之一。今天，汽车以及围绕汽车而建造的城市基础设施——城市道路、高速公路、停车场等，已经成为现代城市最重要的物质要素，并且在很多时候事实上决定着现代城市的结构。尽管这一点被诸多城市理论家认为是很多城市问题的缘由而遭到诟病，但是即使是最激烈的批评者也无法否认，现代城市对于汽车的依赖已经成为了一个基本的事实，成为我们今日面对诸多城市问题时的一个基本背景。对于问题最为集中的大型特大型城市来说，问题的分析必须在这个背景之上来进行。那些指望将汽车从城市中排除出去的解决之道，终究不过是一种不切实际的幻想而已。

对于城市形态来说，汽车所带来的最显而易见的影响是道路的建设。城市中快速的汽车道路在带来车辆通行的便利性的同时也成为步行者最大的障碍，使得城市空间变得不适合人的活动。这似乎成为了一个悖论：格奥尔格·齐美尔笔下作为“联系”这一现代性特征的代表的道路，反过来成为比墙具有更强的分隔作用的要素。当路成为车行道，桥成为立交桥，齐美尔笔下的世界仿佛整个颠倒了过来。

不过好在，城市化不可能是无限度的。从城市化进程已经完成的国家大型城市的现状看，无论最终采取了何种交通模式，城市终究没有被道路所淹没。最终，步行者和汽车的需要之间能够达到新的平衡，这又一次证明了城市所具有的强大的自我适应和修复能力。道路问题尽管短时间内造成了城市面貌的重大改变，但从长远上看，它不会成为城市发展中永恒性的问题。并且，随着技术的进步，这个问题会变得越来越容易解决。但是，对于城市来说，汽车所带来的变化远不止此。其中一些变化对城市乃至对人类社会的冲击可能是永久性的，比如速度。

汽车改变了行进的速度。这种改变在带来便利性的同时，也改变了人们对环境的体验。从 20 世纪后期开始，很多研究者已经在研究这个问题，他们关注速度特别是汽车带来的高速度对人的心理和城市空间的影响。那么，我们如何来理解这种变化呢？或者说，为何速度会对人产生影响呢？当然，研究者们一般将对速度的研究集中在哲学和社会学层面，但是，我们认为，如果不对运动速度的变化对人的直接体验的影响进行解释，任何哲学层面的分析都会缺乏基础。首先，可以明确，就日常的交通工具目前所能达到的速度而言，尚不至对人体产生生理层面的直接影响。至于高速交通工具变速时带来的不适感，是因为加速度对身体的影响,而不是来自速度本身。因此,速度对人的影响主要来自于认知与心理层面。

人处在静止的观察点上，能够体验到静止的三维世界，以及流逝的时间。这个时候，时间的感觉和空间的感觉之间是彼此独立的。这也是人们正常认知中的时空架构（注意：在这里请先忘记相对论、量子力学或者其他现代物理学的最新成果。尽管近来的一些建筑理论家们很喜欢谈论这些并试图以此作为建筑形式创造的最新理由，但请相信我，在人类感官可直接体验的中观层面，这些与我们所讨论的空间体验和城市体验没有任何关系。迄今为止，建筑和城市领域的所有关于时空的问题，都可以在经典物理学的框架内得到解释。同样，本书中所有的讨论，也都与此无关）。当人开始运动，感知到的世界也随之变化，同时时间仍在流动。这时，人所感觉到的外界事物的变化同时由空间的变化和时间的变化所引发。仅就视觉感官层面的感知而言，这两种变化之间没有本质的区别。在一般的速度下，人类凭借长期对速度的适应所形成的思维结构，已经能够明白无误地使大脑理解这种变化，并且建立起正确的适应性反映。这也就是当人们行走时感觉到的世界与静止时没有什么不同的原因所在。但是，当运动的速度大幅提升时，情况就会发生变化，周边环境变化的速度过快，已经超出了思维结构所能正确适应的能力（理论上经过进化人会逐渐形成对新的速度的适应，但进化不是在区区几代人的时间内能够完成的），这会导致人对时空的认知出现暂时的混乱。尽管在大多数情况下人可以通过经验来对这种混乱进行调整从而不至于导致实际认知的错误。但这种混乱确实会对心理造成冲击并逐渐潜移默化地影响人的思维方式。

这只是速度对人的心理影响的一个方面。另一个也许更为直接的方面是：运动的速度决定着人在单位时间内通过感官所获取的信息量，当速度显著提升，获取的信息量突然增加，也会超出人的思维惯常的信息处理速度从而造成冲击甚至不适感，这在持续的高速运动状态体现的尤为明显。关于这一点的一个很直接的证明就是当外界景物视觉要素相对较少且较为单一缺乏变化(意味着信息量减小)时，速度的造成冲击感会显著降低。

速度所带来的心理体验有两个方面的直接影响：一方面，对一部分人来说，会享受速度所带来的冲击感和短暂的不适，甚至产生如同吸食毒品一般的成瘾感，典型的例子是飙车族们。另一方面，这种非常规的感受会降低人对环境的敏感程度和认知准确度，从而使人对行进路径过程中的环境的感知能力下降。此外有一点需要说明的是，当代人从孩提时代就开始乘坐交通工具，到了成年时期对于速度带来的冲击体验已经习惯，所以很多人并不会意识到上述影响，但从人接触更快的速度时的表现看，这种效应仍然是存在的，只不过是已经作为对生活环境的一个基本认识而固化下来而已。

车行道路设计基本遵循功能性的原则。除了专门的赛车场，极少有道路是考虑飙车者的需要而设计。道路有目的地连接需要连接的区域，这种“点—点”的连接的目的性是如此的强烈而直接，以至于路径本身的意义已经被削弱了。再加上汽车交通不适合活动伴随发生以及前述速度使人对环境的感知能力下降的情况，都使得车行道路的“路径”意义越发弱化。这就使得诸如诺伯格·舒尔茨的“所有路线均由连续性构成特征”[①]以及凯文·林奇的城市意象五要素中关于“路径”的描述之类在汽车时代的意义都变得非常可疑。

从对路径意义的消解和对于与交通伴随发生的活动的排斥来说，比汽车走得更远得是地铁。地铁交通在实现了更高的运行效率和安全性以及对城市空间更低的占用的同时，也将路径的消失化做到了极致。人在行进中对城市的体验几乎完全消失，也取消了一切伴随发生的活动，同时对于城市中的其他人来讲，地铁的交通活动处于不可见的状态。于是，对于传统视觉意义上的城市来说，当一个人进入地铁，他便从这个城市中消失了，而在他走出地铁的一刻，又重新在城市中出现。而在地铁中间的过程，几乎与城市毫无关系。

这种脱离城市的交通过程虽然也是一种有趣的体验，但对于城市的公共生活和公共空间来说无疑是一种消极的因素。因此，一些加强地铁的地下空间与地面空间的联系的设计措施得到了采用。其中，最常见的做法就是将地铁出入站口多功能化，形成包括购物、娱乐等功能的综合体。这实际上带有对交通路径丧失与城市公共活动的联系进行补偿的意味。

我们可以简单归纳一下几种城市交通方式及其路径的特性：传统的街道在空间、活动（功能）和视觉上都是连续的；车行道路在空间和视觉上仍是连续的（尽

---

① （挪威）诺伯格·舒尔茨．存在．空间·建筑·尹培桐译．北京：中国建筑工业出版社，1990：29.

管视觉上的连续性受到了速度的扰动），但在活动上是不连续的；地铁则在活动和视觉上都不是连续的，甚至空间的连续性也非常有限（或者说连续性已经失去了意义）（图 3–1）。

路径连续性意义的丧失对于很多城市形态设计原则的影响是致命的。传统上，无论是追求城市景观的如画效果还是城市体验的叙事性，对路径空间、人沿路径的运动、运动中的景观以及运动中伴随的活动的设计都是城市设计的核心内容。其中，路径空间除了满足通行的需要，还应有适宜的尺度；路径中的运动应该有缓急和停顿的变化；街道景观应该具有连续性和丰富性，同时随着路径的展开应该有视角的变化；伴随着路径和运动的应该有丰富的活动。诸如此类的原则在几乎所有的城市形态设计理论中都能够看到。但是在今天的汽车化的大城市中，面对着点对点化的运动方式和无连续性可言的路径，这些原则

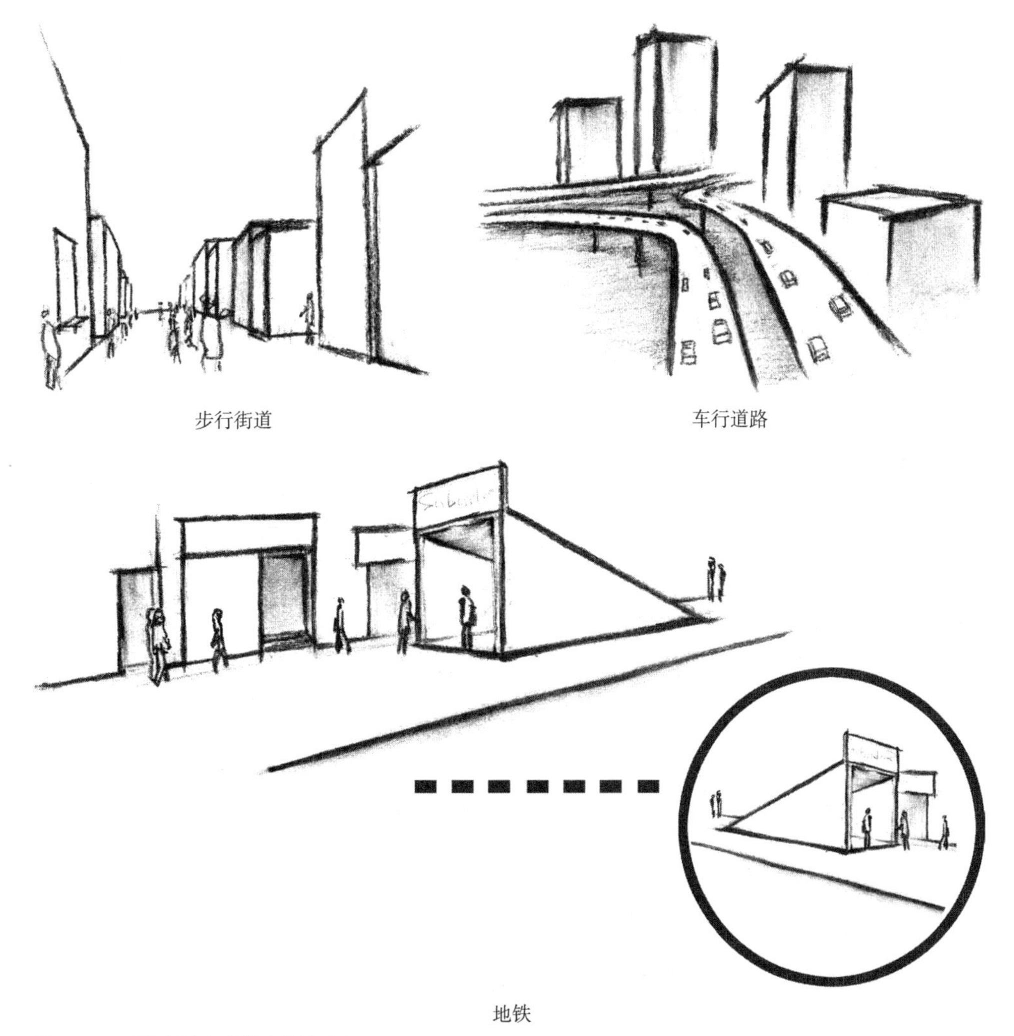

图 3–1　不同交通方式的空间意义

传统的街道在空间、活动、和视觉上都是连续的；车行道路在空间和视觉上仍是连续的，但在活动上是不连续的；地铁则在活动和视觉上都不是连续的，甚至空间的连续性也非常有限。

都已经失去了存在意义。

若论对生活方式的影响，相对于城市道路来说，城市之外的交通的意义更为重要。城市之间以及城市和乡村之间联系的便捷化是城市发展史上具有重要意义的事件，对城市的存在意义和城市之间的关系的影响是决定性的。特别是在20世纪后半叶，高速公路、高速铁路和航空运输的快速普及化大幅度地提高了人的迁移能力。与城市交通不同，城市间交通的意义不在于路径的研究（尽管这种研究视角也存在，比如关于高速公路景观的研究，但这与本书关于城市生活和城市空间的研究关系不大），而纯粹在于速度，以及速度带来的交通时间的缩短。速度改变了我们建立的时间与空间之间的对应关系，使得人所感知的环境空间被极大地压缩，同时感知到的时间被延长。这种时间—空间的对应关系，是以往人们确定区域甚至国家（在今天可能要扩展到世界）范围内的城市体系，明确城市之间的分工关系以及各个城市的定位的基本背景之一。而在今天，我们对于这些问题的讨论，都要在已经被重新确立的时空关系的基础上进行。这同样影响着对于一些城市研究中基本概念的认识，比如下面将要谈到的多样化的问题。

3.2　对单一化与多样性的重新界定

很多研究者认为，在我们身处的这个高速时代，速度是扼杀多样性的罪魁祸首之一。城际和城乡交通的便捷实现了更大范围的分工合作，从而使得城市功能和城市空间日趋单一化。

但是，在这里我们必须首先明确区分两个概念：人的体验的多样性和城市的多样性。传统上，因为人的主要活动都集中在单一城市内，因此两者具有同一性，多样性的城市自然能够提供多样性的生活体验。但是，这种情况今天已经发生了改变，人的多样性已经不是单纯依靠城市的多样性来实现。在这种情况下，有必要明确，人们对于城市多样性的追求，最终是为了人的体验的多样性服务，因此，不顾今天已经变化了的现实，盲目地追求城市甚至更小区域内的功能和空间多样性，不能不说有一些舍本逐末的味道。

交通方式的进步使人们的体验范围扩大，从而不需要在一个城市集中所有体验。康德式的生活（规律的作息时间，固定的日常活动路线，终生几乎没有离开过他所生活的城市）曾作为传统生活的典范而为人们所津津乐道。传统的城市生活大体如是：居民早晨从家中出发，步行去离居所不远的工作场所（有时工作场所和住宅甚至是在一起的），下班后或者周末步行到同样在步行可到达范围内的公共活动场所（教堂、剧场、酒吧、市场等），之后步行回家。在这种生活模式中，每天日常生活的范围很小（这个范围实际上是可以计算的，根据人们可接受的步行时间），相应地对这个范围内城市空间的多样性有较高的要求，这种多样性包括城市功能的多样性、空间的多样性和景观的多样性。

相对的，在今天的城市中，日常生活的范围已经扩展到了整个城市（想一想你身边的例子，住在城市的一个角落，工作位置在相对的另一个角落，娱乐则在城市中心区的某个地方，日常活动的区域需要穿越大半个城市，这种情况在今天的大型特大型城市中绝非少见），在这种情况下，对多样性的要求是针对整个城市的多样性而言的，相对来说对特定城市区域的多样性已经没有太高的要求。尽管这种状况在 20 世纪后期被很多研究者所批评（归咎于现代主义城市规划或是归咎于汽车的大规模使用），但是没有人能否认这种改变发生的必然性。而且，如果我们去除怀旧的有色眼镜更为中立地审视今天的城市生活，就不能不承认，今日城市的功能、结构、社会的技术水平和人的生活方式之间的关系是自洽的，并基于这种自洽建立起了新的平衡。从这个意义上，类似阿尔多•罗西、莱昂•克里尔或者简・雅各布斯的期待使城市结构再次退回到前现代时期，从而重新实现多样性的想法已经成为一种不合时宜的理想化诉求。事实上我们也能够看到，诸如新城市主义[①]之类曾经被寄予厚望的回溯式的努力最终不过沦为房地产开发的噱头而已。

同时，更大范围内的交通手段的进步正在将这种变化进一步扩展到更大的范围。今天，居住、工作和游憩于不同的城市已经不再是一种梦想，日常生活的范围超出了城市的限制，扩展到更广阔的空间里。在这种情况下，甚至整个城市的多样性都已经变得不是那么必要，因为生活体验的多样性可以在更大的空间范围内来获得。城市体验为大范围内的区域体验（大型的城市带是一个例子）甚至全球体验所取代（图 3–2）。当然这同时必然会导致城市功能的日渐单一化，现在我们已经能够看到这样的例子，比如拉斯维加斯。如果说汽车导致城市区域功能的单一化，高速公路、高速铁路（高速铁路对于城市空间的影响比高速公路还大，他所提供的更高的安全性和舒适的体验可能成为摧毁城市多样性的最后一根稻草，同时更彻底地取消了旅途中的偶然性和过程体验，成为更纯粹的点对点交通，这一点已经与飞机很接近）、航空则进一步导致了城市整体功能的单一化。

当然，与保守者们的看法相反，速度在造成单一化的同时，也会带来新的多样性。是的，我们面对着越来越单一化、同质化的住宅、社区、街道、街区和城市，没有丰富的活动和舒适的室外空间。但与此同时，我们可以驾车在半个小时内到达郊区的农庄和田园，体验完全不同的生活方式，我们甚至可以在三四个小时内到来到千里之外的另一个国家的街道上，体验迥异的文化。孩子们可能在社区和街道上没有充满惊喜的游戏场所，但是可以在周末来到郊野的森林公园或者远在另一个城市的迪斯尼乐园里。速度拉近了空间，更大范围内空间体验的多样

① 新城市主义是 20 世纪 50~70 年代美国许多研究者对大城市空心化问题提出的一种应对策略。主要措施包括将居住、工作、商业和娱乐设施结合在一起，形成适宜步行的、混合使用的社区；不鼓励小汽车的使用，提倡公共交通；注重对历史城市和空间的研究，重视城市街道和广场在城市空间和社区空间中的作用等。

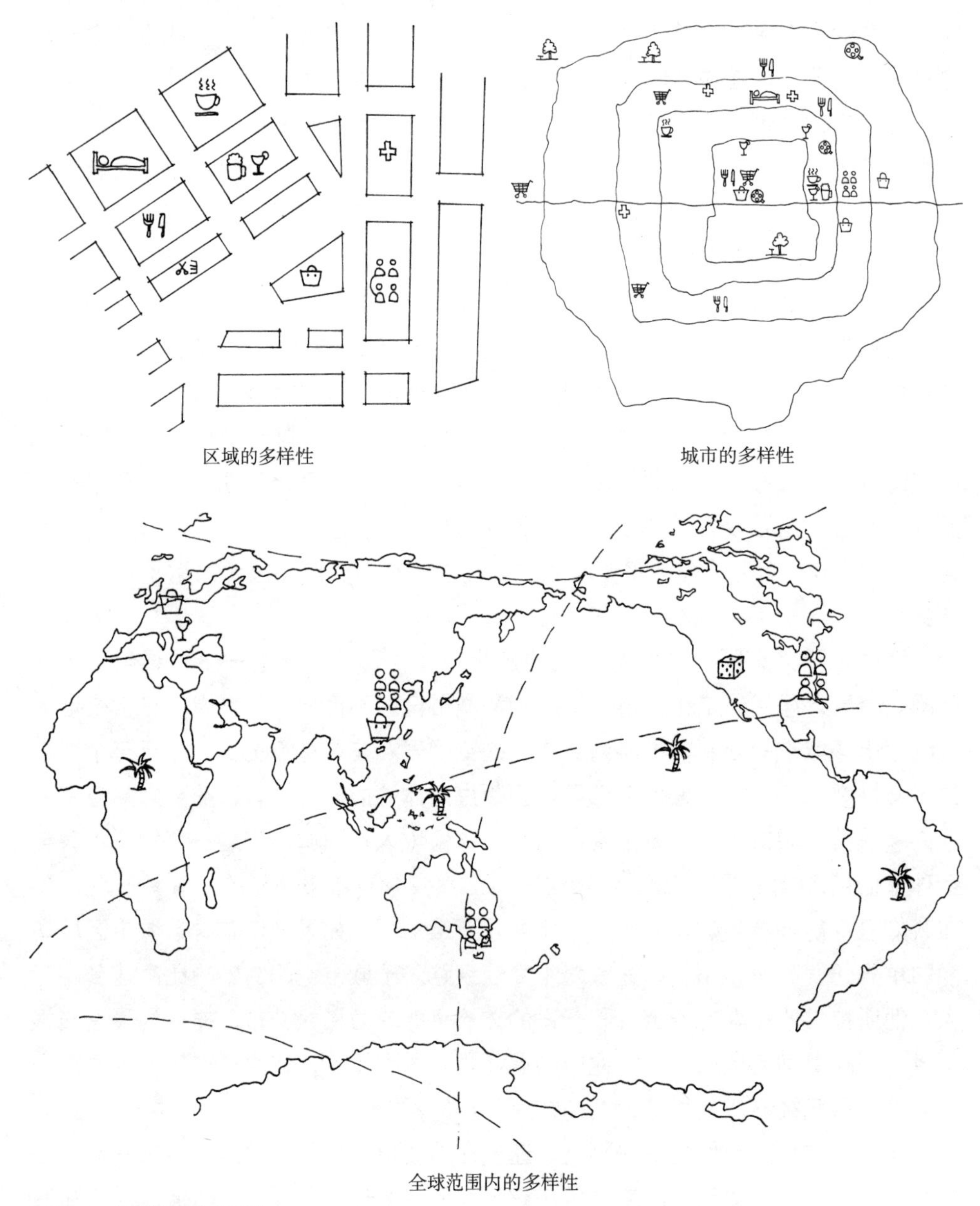

图 3–2　多样性意义的变化

交通和通讯手段的进步使日常生活的范围超出了城市的限制，扩展到更广阔的空间里。在这种情况下，甚至整个城市的多样性都已经变得不是那么必要，因为生活体验的多样性可以在更大的空间范围内来获得。城市体验为大范围内的区域体验甚至全球体验所取代。

性，代替了时间上的多样性。

这证明了时间变化和空间变化在带来体验的多样性方面是近似等效的。举一个最简单的例子，设想你坐进一辆封闭的汽车，上车的时候是晴朗的天气，而经过一段时间的行驶后，下车时发现下雨了的时候，你会说“现在下雨了”，还是“这里在下雨”呢？答案是什么并不重要，这是一个在带来体验的变化空间和时间等效的例子。在传统的城市生活中，受制于技术和交通工具的限制，空间跨越能力差，生活体验的变化除了城市区域内部的丰富性和多样性，主要依赖于时间的推进，即等待非日常的仪式性生活的发生（对节日的期待）。而在现代以及将来的城市中，体验的变化则主要依赖于空间的变化，去往能够带来不同于日常生活的体验的地点，即旅游。

从这个意义上来说，传统城市的多样性其实很大程度上带有不得已的意味。受制于交通速度，人被牢固地束缚在特定的地点上，远距离迁移需要付出很大的代价（在中国古代，类似去往京城参加科举考试这种行为往往被视为带有相当危险性的旅程。即使对于皇帝来说，在去往夏季的离宫避暑的时候也需要担忧距离所带来的处理政务的不便）。为了抵消这种地点带来的单一化体验，才相应地要求内在的多样性。并且，这种人与地点的绑定式的联系尽管在今天看起来是富于诗意的，但实际上带来的并非都是快乐的体验，很多时候也和单调和局限感相关。这一点在人文地理学家爱德华·雷尔夫的《场所和非场所性》一书中有生动的描述："我们的场所体验，特别是有关于家的体验是辩证的，在想要留下却又希望逃出去的需求之间达到平衡点。当其中一个需求太容易达成时，我们会因乡愁与失根的感觉而痛苦，或因伴随场所而来的一种窒息感和局限感而苦闷。"[1]也许，这种单调和局限感和我们今天所担忧的场所感的丧失，都如同钱钟书笔下的城里人和城外人在面对同一堵城墙时所发出的慨叹吧。

凯文·林奇将"可意象性"作为评价城市结构、空间和视觉要素的重要标准。从对城市公共活动和公共空间研究的角度看，这种可意象性代表了多样化的城市要素之间恰当的相互关系。而当要素的多样性被抹杀，这种可意象性也就无从谈起。按照我们前文的讨论，这种可意象性会在更大的空间范围内得以重建。城市建筑、街区、区域的可识别性和可意象性，被城市整体的可识别性和可意象性所代替；城市内部结构的可意象性，让位于城市在更大范围的区域乃至全球城市整体结构网络中的可意象性。

3.3　全球城市网络中的城市身份认同

在全球化的大背景下，资讯、通讯和媒体技术的进步使整个世界平摊开来展现在每个人的面前。交通技术的发展则使这些城市不仅仅是一个个的影像，而是触手可及的现实。交通和通讯技术织成了一张覆盖全球的网，每个城市都是这个网络中的一个节点。如何在这个网络中界定自身的身份以及与其他城市之间的关系，就成为每个城市今天必须面对的问题。

城市之间的联系最初的形式是基于商品交易的经济联系。这种联系的力量是

---

① Edward Relph. Place and placelessness. Pion Ltd.，2008.

如此强大，以至于在两千年以前就能够将亚欧大陆的两端联系在一起（早在丝绸之路时代在中国和古罗马之间就已经有了间接的商贸往来）。但是在早期，城市之间的商品交易仅仅限制在特产品和奢侈品范畴，尚不至影响城市本身的生产体系和经济结构。商品交易导致的城市产业专门化的大规模出现，开始于中世纪晚期到文艺复兴时期，意大利的纺织业城市是其典型代表。而工业革命期间出现的工业城市则是最早的现代意义上的单一功能城市（之所以强调是“现代意义上的”是为了排除自古就有的军事目的的要塞城市）。与以往自给自足的城市模式不同，工业城市以工业生产的效率最大化作为核心功能来组织城市结构，除了必要的居住建筑外其他的功能都被压缩至最低限度，城市基本上没有有组织的公共生活和公共空间。再加之重工业的严重污染和早期资本主义时期严重的劳资矛盾，使得城市生活的质量极为低下。针对这些矛盾，研究者们提出了一系列解决之道（包括埃比尼泽·霍华德的田园城市理论以及空想社会主义者们的乌托邦式的设想），并最终推进了现代主义建筑和城市运动的产生。

但实际上，在传统的大工业时代，上述问题一直没有得到有效的解决，充分利用交通手段（这里主要指货运）形成较大范围内有效的社会分工，以实现原料、生产、消费各个环节的效率最大化，本来就是工业化大生产模式得以成立的基础。后来这个问题之所以渐趋缓和，一方面是因为资本主义生产关系和社会关系的逐渐调整，另一方面则是因为产业升级导致重型工业在产业结构中的地位逐渐为消费类工业和服务业所取代，而不是来自于建筑师或者城市规划师的努力。同时，随着现代主义运动的渐趋式微，建筑师和规划师也慢慢从英雄主义的狂热中清醒过来，默认了建筑和规划手段对于解决更大范围的经济和社会问题的无力。

其后的几十年间，是交通和通讯、信息技术快速发展的时期。城市之间的关系从基于原料、产品流动的单纯的生产分工关系，逐渐向基于物流、人流、资本流、信息流乃至文化扰动等多重关系的综合网络发展。但无论关系的复杂到了何种程度，其基本的原则并没有发生改变：分工仍是这种网络存在的基础，当然这种分工已经是广义上的分工，即不单是生产环节的分工，更重要的是在人的活动、体验上的分工，体现为城市满足人不同方面的活动和体验的需要。因此，在这种关系网络中，城市必须表现出某种“独特性”，才能在这个网络体现出自身的价值，这种独特性越独一无二，城市在网络中越表现出无可替代的价值。同时，城市的身份认定，已经不是主要取决于城市自身或者城市内部的要素，而在于城市与其他城市的关系。因此，这种“独特性”和“身份”都具有相对性，例如一个具有三、四百年的历史的城市，在全球来说远远不能以历史文化自居，但是如果它所处的城市网络中的其他城市历史都不超过百年，那么他在这一网络中就可以体现出在历史和文化方面的独特性和身份价值。

随着全球化程度的深化，上述城市网络的空间范围已经从城市群、区域、国家扩展到覆盖整个世界，形成了一张全球城市网络。在这个网络中，节点是城市，节点之间的联系则是公路、铁路、航线、电话线、光缆等交通和信息基础设施。通过这个网络，全球所有的城市被前所未有地紧密联系在一起，并且，如我们上文所提到，每个城市都需要在这个网络中明确自身的独特性，取得自身的身份认同（图 3–3）。

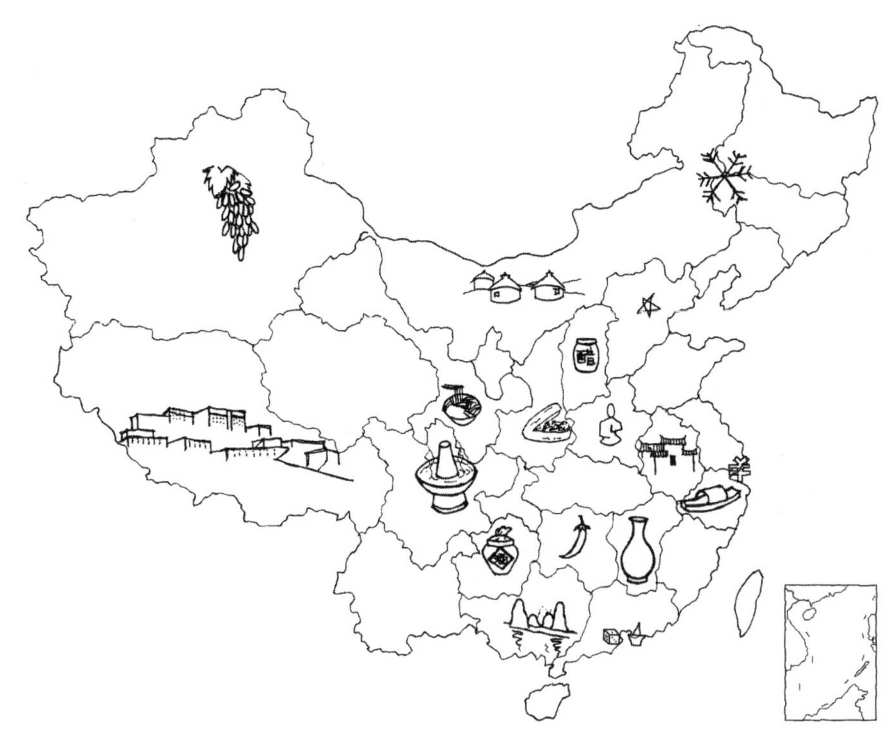

城市和地区的身份认同

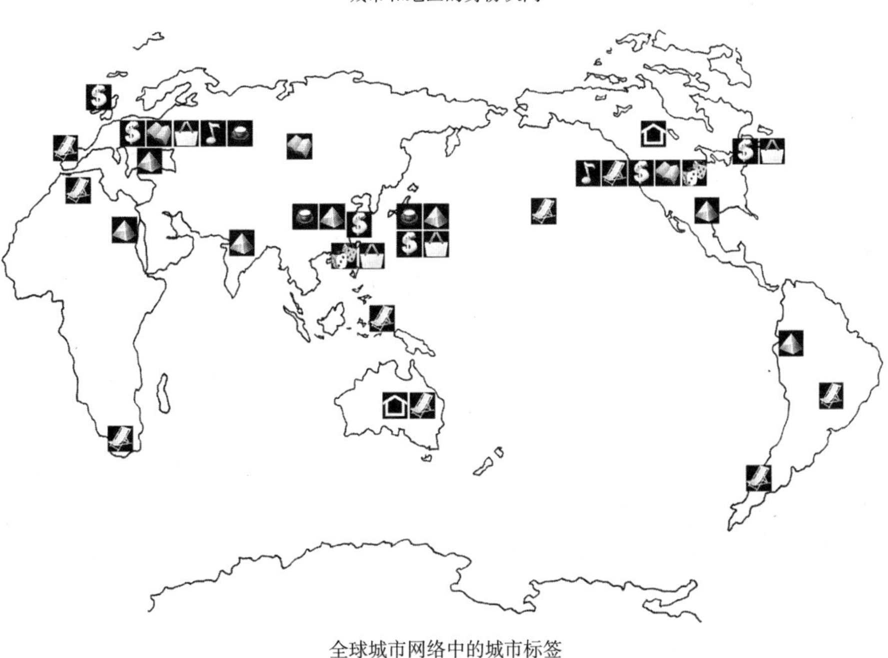

全球城市网络中的城市标签

图 3–3　全球城市网络中的城市身份认同

上述城市网络的空间范围已经从城市群、区域、国家扩展到覆盖整个世界，形成了一张全球城市网络。通过这个网络，全球所有的城市被前所未有地紧密联系在一起，每个城市都需要在这个网络中明确自身的独特性，取得自身的身份认同。

所谓身份，就是将一个人与其他人区分开来的标签，它标定了个体在群体中的位置和属性，以及和群体中其他成员的关系。在传统社会中，社会阶层差异明显，社会关系相对简单，个人的身份容易清晰地界定。在当代社会化程度越来越高的情况下，个人的社会关系链条越来越复杂，每个人在不同的关系情境中有不同的身份，大到民族、国籍、意识形态，小到家庭、工作、教育、社团、兴趣爱好等等，都会对个体的身份界定产生影响，身份认同因而成为了一个复杂的问题。法国学者阿尔弗雷德•格罗塞在其《身份认同的困境》[①]一书中对此有详尽的阐述。同样，城市的身份，指的是城市得以确立其独特性的标签。有意思的是，在前全球化时期，城市内部要素多样化程度高，同时城市关系网络模糊含混，一个城市可能在不同的关系网络中有不同的身份认定，城市的身份相对不易确定。而在全球化城市网络中，城市的身份认同问题的答案变得简单且唯一化。这一点和个人身份认同表现出截然相反的发展趋势。此外，从身份认同的主体来看，传统城市身份认同的主体主要是城市中的居民，这种身份认同可以增强居民对城市的归属感（个人的身份认同与城市的身份认同相协调），从政治和社会角度看都具有必要性。而当代城市身份认同的主体很大程度上也全球化了，认同的目的是为增强城市的吸引力：对人、资本和信息的吸引与集聚。

传统上，世界城市这个称谓被用来形容那些在同时代的城市中规模最大、经济和社会活动最活跃、在很大范围内甚至全球都具有影响力的城市。例如古罗马时期的罗马城、盛唐时期的长安城、古典时期的巴黎、20世纪中后叶的纽约等，这些城市为当时的整个世界所瞩目，对全世界的人都有着巨大的吸引力。但是，在全球化时代，世界城市的这种“待遇”相对来说已经不那么稀缺。只要城市具有鲜明的特色，表现出独具的魅力，就能够在全世界面前展示自身，并且使其吸引力和影响力最大化。从这个意义上来说，今天，每个能够在全球城市网络中成功地确立自身的独特身份并且得到广泛认同的城市都是世界城市。

从城市身份的角度看，今天常见的城市标签大致有以下几个类型：居住城市、工业城市、政治中心、经济/金融中心、商业/购物城市、历史城市、文化城市、旅游城市、休闲城市、娱乐城市等。其中，居住城市已经脱离了城市的真正内涵，成为超大型的居民聚居点。典型例子是超大型城市的卫星城市或者城市带/群中以居住为主的中小型城镇，其产业功能弱化，并且城市的公共活动功能在今天也有衰退的趋势。工业城市一般依托于原有的产业基础，但在全球产业布局重新分布的情况下，很多传统的工业城市今天正面临着身份转换的问题。政治中心和经济/金融中心城市基本也需要依托原有基础，且一旦城市身份确立后不出现大的政治经济动荡通常不会变动。而以商业、购物、历史、旅游、文化、休闲、娱乐等为标签的城市，则是本书关注的主要类型。首先，这一类城市所联系的产业形

---

① （法）阿尔弗雷德•格罗塞．身份认同的困境．王鲲译．北京：社会科学文献出版社，2010.

态被认为是全球经济发展的主导方向，事实上，前述很多原有工业城市的转型方向正是指向这些类型的城市。其次，这类城市的功能与人的活动体验直接相关，其中相当大一部分就是以直接提供体验为目的，因而与城市公共空间关系密切。最后，这一类城市对技术、社会、文化以及人类生活方式的变化反应敏感，在城市公共生活和公共空间方面最能体现一个时代的特征。

在这一类城市中，有一部分城市本来就具有特定的不可替代的资源，比如悠久的城市历史、丰富的文化遗产、优美的自然风光等，于是便可以顺理成章地明确其城市身份。而更多的城市未必先天具有独特的资源，但是在某一方面长期保持有一定的特色（比如拉斯维加斯的赌博产业），这种特色经过有意识的提炼和深化后也很容易成为明确的城市标签。当然还有相当一部分城市并没有明确的特色和产业积累作为基础，其城市身份的形成完全基于自上而下的主观意愿和有目的的策划、设计、建设和包装，对于这一类城市来说，其城市身份明确的过程与其说是一种发现或认同的过程，不如说是带有创造甚至编造的意味。虽然如此，但其中也不乏成功的例子。

这种主动制造身份认同的行为，反映了城市在面对身份认同问题时的焦虑心态。在全球化的城市网络中，鲜明而独特的城市标签可以使城市凸显出来，增强城市对潜在的劳工、消费者、经营者、旅游者、投资者或者移民的吸引力，成为城市竞争力重要的组成部分。因此，对于那些原有的身份标签不那么鲜明的城市来说，这种“身份焦虑”的产生也就不足为怪了。特别是对于那些面临原有产业衰败，亟须为城市寻求新的身份的城市，这种心态往往以“转型焦虑”的形式体现出来。

理解了城市身份所代表的意义，城市发展中的很多现象也就获得了更合理的解释。例如最近二十年来中国城市申请“世界自然与文化遗产”的热潮，这与其解释为自然与文物保护概念的突然觉醒，不如说是将列入遗产名录看作一个闪闪发亮的城市标签而已。另一个也许更恰当的例子是联合国教科文组织“创意城市网络”，该项目开始于 2004 年，“旨在通过对成员城市促进当地文化发展的经验进行认可和交流，从而达到在全球化环境下倡导和维护文化多样性的目标。被列入全球创意城市网络，意味着对该城市在国际化中保持和发扬自身特色的工作表示承认。”[①]“创意城市网络”被认为有助于发挥创意产业对经济和社会的推动作用，在世界范围内促进城市之间在创意产业的产业发展、专业培训、知识共享和国际销售渠道等方面的交流合作。该项目设定了设计、文学、音乐、民间艺术、电影、媒体艺术、烹饪美食等 7 个主题。几年来已经有 20 多个城市加入了“创意城市网络”，这些城市被冠以“文学之都”、“设计之都”、“美食之都”、“音乐之都”等称号。从这些标签性质的城市称号我们明显可以看出这一项目的城市身

① 维基百科．“全球创意城市网络”条目．http：//zh.wikipedia.org/wiki/ 全球创意城市网络．

份塑造的性质。

来自身份认同的压力会使得城市的外部关系反过来影响城市的内部要素，这一点与传统时期主要由城市的内部要素决定外部关系正好相反。对于城市外部的观察者来说，城市内部的结构越简单，要素越单一，其外部特点就越鲜明，整体形象就越容易被迅速、清晰地把握。特别是在社会信息获取方式趋于快速化、简单化的情况下这一点表现得更为明显。因此，城市在这一过程中经常会主动去除城市中的异质要素，使城市组成纯净化，这是导致当代城市内部单一化的重要原因之一。

在城市身份的塑造对城市形态的影响方面，一般来说，当城市身份与城市的历史与内涵相符合时，城市形态显得较为自然、协调；而当两者不相符合甚至发生冲突时，特别是在生硬地制造甚至编造城市身份的情况下，城市面貌往往会呈现出夸张、怪异的形态，犹如一个巨大的主题公园。

3.4　作为消费品的城市

我们在前面更多地强调了汽车等技术和产品层面的变化对当代城市的影响。但要更深刻地理解全球化时代的城市在身份认同方面的焦虑，仅仅考虑基础设施层面的影响是不够的。事实上，更大的背景在于，在泛消费文化盛行的情况下，城市已经成为一种消费品。

关于“消费社会”的研究源于法兰克福学派的理论家们，而其集大成者则是法国思想家让·波德里亚。在《消费社会》一书中，波德里亚指出：当代的资本主义社会已经完成了从生产型社会到消费型社会的转变，消费构成了社会的主导性逻辑。他将新马克思主义的研究成果与符号学的分析结合起来，指出传统的建立在对需求、物品、满足和享受的等概念基础上的消费观对于现代消费社会的真相是远远不够的。首先，波德里亚首先指出了当代社会中“幸福”概念的物质化：“自工业革命和 19 世纪革命以来，所有政治的和社会的毒性转移到了幸福上。幸福首先有了这种意识意义和意识功能，于是在内容上引起了严重的后果，幸福要成为平等的神话媒介，那它就得是可测之物，必须是物、符号、‘舒适’能够测得出来的福利。”①同时，相应的其他一些与人的需求有关的基本概念如平等、民主等也都与物质更紧密地结合在一起：“民主原则便由真实的平等如能力、责任、社会机遇、幸福（该术语的全部意义）的平等转变成了在物以及社会成就和幸福的其他明显的标志面前的平等”。②波德里亚进而强调了消费的符号化对于当代消费社会的重要意义，指出消费的实质乃是对物品的符号价值的消费：“表面上以

---

① （法）波德里亚．消费社会．刘成富，全志钢译．南京：南京大学出版社，2000：34.
② 同上

物品和享受为轴心和导向的消费行为实际上指向的是其他完全不同的目标：即对欲望进行曲折隐喻式表达的目标、通过区别符号来生产价值社会编码的目标。”[①]并且通过这种符号化的消费划分社会阶层：“越来越多的阶级对某特定符号的接触迫使高等阶级通过其他数量有限的符号（这种数量的限制要么是由于它们的来源，如古代真品、油画；要么是受到了刻意限制，如豪华版书籍、特制小汽车）来与前者保持一定距离”[②]。

波德里亚生动地描述了当代消费社会的基本文化逻辑，并且这种逻辑正日益为技术和媒体手段的进步所强化。我们认为，如果说今天所有的消费行为都是一种对符号的消费，那么反过来同样成立的是：一切具有符号意义的事物都可以被消费。除了日常消费品、不动产、奢侈品、服务等这些传统一般意义上的消费商品之外，凡我们可见所知之物，甚至体验、生活、文化、思想、艺术、信仰乃至自然无不成为消费的对象。而城市，也成为其中的一员。

对城市的消费行为，可以分为几个层面：首先，对城市功能的消费，这一点接近于传统的消费概念，即城市提供产品或者服务，城市对居民日常生活需要的满足都属于这一类型；其次，对城市活动的消费，城市作为容纳人的活动发生的场所，通过空间和情境的创造，形成仪式性活动的舞台，为人（特别是旅游者）提供非日常性生活的体验；最后，对城市符号的消费，城市通过与特定的符号的联系而具有符号价值，这一点就是波德里亚所提到的消费行为。

在这三种对城市的消费中，功能性消费的意义正渐趋弱化，传统上属于建筑和城市的功能在今天越来越多地被技术和产品所替代。活动性消费今天仍然是城市消费中重要的组成部分，但在网络、多媒体等新技术冲击下，城市的公共生活和公共空间正面临着重新的整合（关于这一点在本书后面还会有详细的讨论）。而对城市符号价值的消费，正日益成为城市消费的主体。这种符号价值，也就相应成为消费社会中城市价值中最为重要的一部分。

因此，明确自身所具有的符号价值，把这种价值清晰地呈现出来，就成为当代城市面对泛消费化的社会时必然的现实选择。传统上，对城市价值的衡量是多元化的，可能包括功能价值、经济价值、社会价值、文化价值、美学价值等。但今天，无论这些价值是否仍然存在，其真正表现出来并为人们所关注的，唯有消费价值而已。而城市的身份标签越清晰，其符号意义越容易被把握和认知，其所具有的符号价值就越容易转化为消费价值。这一点，是促使当代城市重视身份认同问题的内在动力。

此外，媒体对城市的符号消费问题的影响也不容忽视：一方面，作为全球城市网络最重要的物质基础之一，现代媒体技术使得城市的面貌在全球范围内清晰

---

① （法）波德里亚．消费社会．刘成富，全志钢译．南京：南京大学出版社，2000：69.
② （法）波德里亚．消费社会．刘成富，全志钢译．南京：南京大学出版社，2000：115.

而形象化地呈现出来，并且很容易为公众所认知。另一方面，媒体传播具有选择性，他倾向于选择那些特殊的、有典型性的例子。因此，那些特征清晰、明确且形象化的城市容易成为媒体关注的目标，并借此扩大其影响力，这在一定程度上使单一化的城市在竞争中更容易占据优势。此外，媒体报道的特点使得城市的特色和城市之间的差异性往往得到放大，特别是那些清晰、符号化的要素往往容易凸现出来，而城市的多样性的细节则很容易被忽视。

3.5 从主题公园到主题城市

前文曾经说过，主题公园与传统的郊野或城市公园的主要区别：一方面在于其围绕“主题”而设计的特点，主题的设置突出其与日常生活的差异性；另一方面在于其建造目的并非提供日常的游憩场所，而是为了满足以旅游为代表的仪式性活动的需求。而今天的城市，在很多方面呈现出与主题公园相似的特点：城市身份的“标签化”、“主题化”，同时城市注重塑造非日常化的特异性的活动情态以吸引外来者。

主题公园的历史并不久远，最早的主题公园一般被认为于20世纪50年代起源于荷兰，但主题公园真正的兴盛却是发生在美国。这部分是由于美国社会在新兴商业活动中表现出来的一贯的敏感和创新性，但更主要的理由则是因为美国城市不像欧洲那样拥有丰富的历史文化资源，所以在20世纪旅游业作为新的经济形态蓬勃发展的情况下，不得不采取这样的策略。毕竟，主题公园这种模式的优势就在于其对城市的自然、历史、文化资源几乎没有任何的要求。

大多数主题公园为旅游者提供了两种类型的活动：游乐型活动和体验型活动。前者借助机械电子设备提供模拟速度和失重感的感官刺激，后者则通过主题情境的设置提供有别于日常生活的视觉和精神体验。前者对于所有的主题公园来说大体相同，后者则依主题而不同。本书前文曾经提到：自然探险主题、异域风情主题、奇幻历史主题和科幻未来主题是主题公园采用最广泛的四种主题类型。我们认为，理想化的自然、奇幻化的历史、科幻化的未来以及片断化的异域这四种非日常情境，代表了当代城市人的超现实想象的四种基本的原型。这些想象不是完全脱离现实的，其中自然和异域是其他空间位置的现实，历史和未来是发生在其他时间的现实，他们与现实之间都存在着某种方式的联系，但又有别于真正的现实，是对相应的现实场景的理想化和陌生化。这些原型有着久远的历史，我们可以从历史上的文学、绘画、雕塑直到当代的电影、电视以及电子游戏等媒体的内容中看到他们的影子（图3-4）。在传统时期，这些原型仅仅是停留在描述和想象之中的幻象，但是在今天，人们已经有能力、并且也有动力将这些幻象实体化。

鉴于这些原型所具有的普遍性，很难相信他们的实体化仅仅存在于主题公园

图 3-4　非日常想象的四种基本原型

理想化的自然、奇幻化的历史、科幻化的未来以及片断化的异域这四种非日常情境，代表了当代城市人的超现实想象的四种基本的原型。

中。实际上，尽管不像在主题公园中体现的那么集中和夸张，但这种幻象的实体化在城市中广泛存在。特别是在 20 世纪后期建筑风格没有强有力的主导潮流的情况下，上述的诸种原型在世界范围内建成的建筑中都不乏范例。同时，这些实体化了的幻象往往与当时流行的理论思潮结合在一起。例如历史幻象和异域幻象与后现代主义建筑，未来幻象与解构主义建筑以及查尔斯·詹克斯的所谓“跃迁宇宙的建筑学”，①以及自然幻象与某些披着生态主义外衣的仿生建筑之间，都存在着纠缠不清的暧昧联系。尽管很少有建筑师懂得“后现代”、“解构”、“量子力学”、“大爆炸”等词汇的真正内涵，但这并不妨碍他们将其他学科的理论作为那些具象化了的古老幻象的包装。

在城市领域，我们能够看到，上述原型的“主题性”与城市的“身份标签”

① Charles Jencks. The Architecture of the Jumping Universe-A Polemic：How Complexity Science Is Changing Architecture and Culture. John Wiley & Sons，1997.

具有相当的相似性。事实上，当代城市在增进身份认同的过程中，有很明显的“主题化”趋向。一方面，原本资源较好、城市特色鲜明的城市在发展过程中，原有城市要素中的优势、特色方面，与城市身份相符合的方面得到进一步的强化，而其他异质要素则被削弱甚至去除，城市在产业、功能和空间上渐趋单一化。另一方面，那些缺乏先天资源和明确特色的城市，往往围绕特定的主题进行城市身份的“制造”，城市的发展战略、产业格局、城市规划、功能设置、空间与形态设计、乃至标示等细节设计均围绕这一主题来进行，对于原有的多样化要素，往往以粗暴的方式予以铲除。

同时，我们能够看到，上述在主题公园设计中被广泛采用的四个主题，在城市的身份标签中同样得到了对应的体现。

历史主义在城市身份塑造中体现得最为明显。特别是对于很多历史比较久远的城市来说，尽管因为城市化和工业化过程中的破坏，城市中已经很少甚至基本没有物质性的历史遗存，同时城市生活方式也发生了根本性的变化，但是以历史作为主题，选取城市历史中较为辉煌或具有代表性的时期作为样板，进行有目的的产业、城市、建筑以及生活情态的调整和塑造，仍不失为一条最为容易和保险的明确城市身份的道路。如果从城市更新和文化遗产保护的角度看，这种做法有违“原真性”的原则，但从城市策划和经营的层面来看，也不乏成功的例子。这种做法早期往往局限于建筑群或者街区范围内的改造，近年来规模有扩大化的趋势，在一些例子中涉及整个城市的范围。在这种被制造出来的历史城市中，历史所具有的价值已经不在于历史本身或是与之相联系的生活和文化，而是一种符号化了的历史。这种符号化了的历史因为与某些特定的消费观念—— 一种以体现所谓品味或者文化修养为目的的消费心态——的联系而具有了消费价值。

相对来说，在实践中，未来主义缺乏像历史城市这种整体性的表现。毕竟，与历史风格可以通过对建筑立面的简单符号化处理即可以实现（尽管是一种质量低劣的实现）相比，未来风格对技术、施工以及成本的要求都要高得多。此外，更重要的一点是，历史有着确定的风格和形式，易于模仿，而未来则是捉摸不定的，没有特定的形式可供因循。每个人心目中的历史都差不多，未来则是千差万别的并且会随着时间的推移而产生变化。因此，当代几乎没有哪座城市可以被认为从整体上体现了未来主义风格。反而是在 20 世纪上半叶，伴随着高层建筑技术上的成熟、快速的城市化和两次大战之间的恢复进程，一些现代主义大城市体现了那个时代的人们对未来风格的认知。当然，这并非是如我们上面所说的对主题式幻象的刻意追求，反而带有相当的理想主义色彩。也许正是因为这个原因，未来风格在实际中经常转而体现为对“现代化”的追求。此外，最近二十年来，一些新兴城市中出现了这一类带有未来主义色彩的建筑的集群式的建设，特别是在亚洲正处于快速城市化进程中的城市中心区，这一点表现得尤为明显。如果这种趋势继续下去，不排除会出现整体呈现这种风格的城市的可能。但是，有一点必须注意，与以往相比，我们这个时代其实并没有真正的关于未来图景的幻想，现有的所谓未来风格的建筑实际上体现的是 20 世纪 60 年代的宇航时代的美学特征。这种美学在 20 世纪 60~70 年代在产品设计特别是飞机、船舶、汽车中表现得最为明显，同时也大量出现在科幻电影等关于未来的图像幻想中，在 20 世纪末随着计算机辅助设计和建造技术的进步开始在建筑中得到越来越多的体现。

异域并不是一个确定的地点概念，它总是相对于“此地”而存在。因此，异域主题作为城市标签的体现也基本可以分为两种：一种是城市以其他地域的建筑风格和民俗风情作为主题，以此作为吸引本地或邻近地区居民的消费标签，比如出现在中国的所谓的“欧式风情”小镇（当然这种情况绝非中国所独有）。无论是出于住宅房地产开发的需要还是商业区经营的噱头，这种方式都是旨在将异域的文化符号化并作为自身的消费价值，其结果是彻底割裂了城市发展的历史，并且这种以满足猎奇感为目标的消费价值很难持久。这种例子也是城市主题化诸种类型中与主题公园的形态最为接近的一种。异域化的另一种方式则恰恰相反，不是以异域而是以本地的地域风格作为主题，操作方式与历史主题的城市较为接近，体现为强化有地域特色的形态和活动要素，削弱、去除异质性因素，目的是吸引非本地的、特别是异质文化中的消费者（以旅游者为主），满足他们对于异文化的想象。这种方式因为与城市风貌保护、地方特色保护、文化传承等主流的文化或意识形态观念较为合拍，因此经常被认为是一种合理的提升城市价值的方式。但如果从将地域特色作为一种可供消费的意义符号这一点上，两者其实并没有本质的区别。

自然主义很难为城市的主题营造提供直接的形态性的参考，毕竟在目前的技术水平下想要实现城市空间和形态的彻底自然化或田园化仅仅是一种不切实际的梦想。但是，这种自然主义的幻象往往被与环境保护、生态、低碳、可持续发展等理念联系起来，从而具有了一定的可操作性。如果这些理念能够在城市发展中得到切实的执行，那么既能促进城市消费价值的提升，又具有相当的生态效益。但是，必须注意到在实际中很多以绿色、环保为标签的行为实际上未必是真正有利于环境保护的。对于这一类行为，研究者们用“漂绿”一词来形容。“‘漂绿’（Greenwash）是由‘绿色’（green，象征环保）和‘漂白’（whitewash）合成的一个新词。用来说明一家公司、政府或是组织以某些行为或行动宣示自身对环境保护的付出但实际上却是反其道而行……漂绿一词通常被用在描述一家公司或单位投入可观的金钱或时间在以环保为名的形象广告上，而非将资源投注在实际的环保实务中。”[①]如果我们进行严谨的技术和量化评估，就会发现，很多宣称的“绿色建筑”或者“生态城市”的做法其实都在“漂绿”之列。本质上是一种将环境保护等相关理念符号化并且纳入城市的消费价值体系的行为。

---

① 维基百科．“漂绿”条目．http：//zh.wikipedia.org/wiki/ 漂绿．

基于以上分析，我们可以看到，这种“主题式”的城市身份塑造方式，不仅仅是简单地将主题实体化、形象化，而是围绕主题建立了一个具有消费价值的符号系统，这个系统中集合了与主题相关的一系列符号。例如我们上面提到的四个主题，其对应的符号系统基本如下：

历史主题：历史、文化、城市更新、文化遗产、保护、修缮、历史风格、多样性、可持续性、历史符号、历史事件、记忆、传统……

未来主题：科学、技术、进步、发展、未来、幻想、宇宙、探索、新、材料、结构、能源、现代化、现代性……

异域主题：异域、文化、地域性、跨文化、传统、记忆、地方生活、地域建筑、文化遗产、城市更新、保护、旅游、神秘……

自然主题：自然、山水、环境、环境保护、生态、低碳、可持续发展、能源、景观、绿色、天人合一 、田园……

必须指出，在这些符号系统中，每个概念都已经失去了其本来的涵义，而仅仅以一种符号化的方式与特定的消费观念和消费价值联系到一起。同时，概念之间的联系也并非结构化的清晰的关系，而是以一种松散的方式统合在一个主题之下。对于这些概念意义的把握，往往以一种即兴的“联想”的方式进行，每个人对于每个概念的理解可能都是不同的，由此组成一个庞大的、意义含混的意义集合，而消费价值则是这些意义共同的最终指向。

主题城市以这种类似主题公园的方式来营造城市，其优点在于易于对城市进行整体化的商业包装，可以在较短时间内清晰地完成身份标签的塑造，明确城市的消费价值。同时也存在着严重的问题：首先，城市的主题往往与城市中人，特别是居民的日常生活缺乏实质性的联系，甚至存在着矛盾和冲突。其次，城市功能、空间、形态趋于单一化。同时，由于对城市主题的选择往往与城市现状相脱离，并且呈现集中化的趋势，其结果是造成城市之间同质化的情况日趋严重（实际上违背了主题化的初衷）。

当然，上文提到的基于特定主题实体化的做法，虽然有渐趋普遍化的趋势，但并非主题城市形成的唯一方式。有一些城市是直接以其所容纳的活动作为主题的，比如购物城市或者美食城市。这一类城市的主题直接对应某种消费形态，因此无需借助特定的符号媒介，在城市空间和形态上也表现得更为多样化。

3.6 最大的奇观

法国社会学家居伊·德波在其《奇观社会》（The Society of Spectacle，中文版译为“景观社会”，我们认为，中文中“景观”一词很难表达德波 spectacle 一词的确切内涵，特别是在与建筑学有关的研究中，容易与 landscape 一词混淆，故仍沿用学界惯用的“奇观”译法，下同）一书中，用“奇观”一词来形容现代消费社会中的图像异化现象。德波指出："在现代生产条件无所不在的社会，生活本身展现为奇观的庞大堆聚。直接存在的一切全都转化为一个表象。"①在德波看来，社会的奇观化的根源在于三个方面：西方思维传统中对视觉依赖的固有模式，对技术理性的无限依赖，以及商品消费对于当代社会的全面支配。

可以看出，与让·波德里亚相类似，德波的奇观理论同样指向对消费社会的分析和批判。但是与波德里亚对"符号"的强调相比，德波更注重"图像"在当代社会和文化中的意义。在德波看来，整个世界已经完全图像化了，以致已经无法清晰地将图像和真实世界本身区分开来："在真实的世界变成纯粹影像之时，纯粹影像就变成真实的存在。"②对于消费行为来说，商品的价值通过图像来呈现，图像成为真实之物与价值之间的媒介（对于波德里亚来说这一媒介则是符号），并且最终将取代真实。在德波笔下，所有的真实之物和意义都在图像化，而所有的图像都成为了奇观。

作为人类造物的建筑，同样避免不了被奇观化的趋势。建筑作为一种图像被认知，作为一种商品被消费，是整个奇观化社会的一个组成部分。而城市，一方面，作为容纳当代社会中人类绝大部分活动的空间容器，作为物质、财富、影像和观念的集合体，最集中地展现了奇观社会的形态。另一方面，城市本身也正成为了消费品，并且被最大限度地符号化和图像化，可以说，城市已经成为最大的奇观。

必须指出，这种以图像特别是强有力的图像形式（即奇观）作为真实世界与人的观念之间的媒介的方式并非当代社会所特有，而是自古就存在的一种现象。这一点最早可以追溯到原始神话中对神迹的形象化记载，其后则表现在宗教仪式和狂欢化的世俗庆典当中。但是在传统社会中，奇观始终是作为一种非日常性的代表而存在的。相对于单调的日常生活来说，奇观只不过是分散于其中（无论在空间上还是时间上）的零星点缀而已。尽管王朝更替等重大的政治事件和战争也具有奇观的性质，但对于大多数人来讲这些仍然是处于日常生活之外。就建筑来说，我们可以说中世纪的教堂是奇观，但这无法改变作为教堂背景的大量性的住宅建筑的日常性质。同样的，对于城市来说，可以说处于盛期的古罗马城、君士坦丁堡或者耶路撒冷是奇观，但是这一类城市的数量在古代世界是屈指可数的，它们无法改变整个人造世界主要是为日常生活服务的事实。

在今天，奇观已经遍布了我们的整个生活环境，甚至可以说，我们的世界就是由各种各样的奇观所构成的。与传统社会日常生活作为主体的生活结构不同，奇观社会对应的生活结构则是仪式性活动的普遍化。这种普遍化一方面是指仪式和庆典活动在时间和空间上更频繁的发生，另一方面（这也是更为重要的一个方面）则是指日常生活的奇观化：人们的日常活动已经脱离了与实际的生活需要——

① （法）德波．景观社会．王昭风译．南京：南京大学出版社，2006：3.
② （法）德波．景观社会．王昭风译．南京：南京大学出版社，2006：6.

去除了那些消费市场强加给人们的欲望之外的部分——的紧密联系，浮动在实际的需求与日益膨胀的消费化图像之间。

这种状态被日益进步的媒体技术所强化。在现代媒体技术产生以前，真实之物向图像的转译需要通过人的观念来实现，这种转译是模糊、不确定、因人而异的。而借助摄影、电影、电视以及新的互动媒体技术，世界以一种“真实”的方式被图像化并且通过传媒最大化地得以呈现。人们已经渐渐习惯于通过图像感知世界，甚至将真实世界与“真实”的图像混为一谈。

此外，还有一点显著的区别是：传统时期，在日常生活和奇观之间，人们有选择的自由。对于图像，人们可以选择看或不看，对于事件，人们可以选择参与或者不参与。对于个体来说，只要愿意，保持生活的日常化状态是能够做到的。实际上，在平淡的日常生活中，奇观往往成为人们的幻想和期待。但是在今天，奇观作为社会的一种普遍状态被强加给每个人，无论人们愿意与否。奇观的无处不在加上视觉传媒的放大作用，使得生活环境完全为奇观所充斥。人们已经丧失了选择的权利，对奇观只能被动地去接受，剩下的只是对奇观的内容和形式选择的自由而已。但是，在现代媒体造成的图像严重的同质化面前，这种自由很难说有什么实质性的意义。而对纯粹的日常生活的怀念，已经变成了一种奢望。

在传统时代，奇观和日常生活之间的边界使我们容易对奇观的内容作出预期：奇观或是来自于对日常生活中缺少体验的期待，或是来自于对日常生活某个方面的戏剧性地夸大，又或是来自消除日常生活中既有之物所带来的疏离感。总之，在奇观和日常生活之间存在着某种张力。当代社会中，这种张力已经变得暧昧不明，以至于很难说得清今天的奇观图景和日常生活之间到底存在着什么样的关系，以及这种关系如何为无所不在的技术、媒体和商品消费所影响。甚至我们已经很难确认这些奇观到底是源自日常生活的某个片断，还是更多地直接取决于技术、媒体和消费本身——由这些力量根据需要来创造。

所幸至少到目前为止，历史的发展仍保留了一定的惯性（即被人们称之为文化的事物和观念），这使得今日世界的奇观仍保留着传统时代遗留下来的痕迹，因此我们仍能从观念上大略把握奇观产生的机制。在前文曾经提到，理想化的自然、奇幻化的历史、科幻化的未来以及片断化的异域这四种非日常情境，代表了当代人们的超现实想象的四种基本的原型。那么我们认为，从人们对日常世界与奇观的关系的期待来看，这同样是奇观的四种最主要的形态体现。这四种情境从传统时代至今，一直在各种类型的图像奇观之中或清晰或含糊地呈现出来。

自然情境代表了人类最古老也是最具普遍性的奇观体验，自然奇观贯穿了从原始神话与自然信仰到当代的生态主义热潮的几乎整个人类历史。毕竟，人与自然的关系，是人类所面对的最基本的关系之一。人对自然的态度经历了非常有意思的转变过程，与之相联系的奇观形态也在这个过程中相应地发生变化：起初，弱小的人类对自然的恐惧和崇敬使得强大、神秘而多变成为自然的代表性形象，典型代表是原始自然信仰中的神祇形象。其后，随着技术的进步和认识的深化，自然逐渐从膜拜的对象变成可以认识、研究甚至改造的客体。特别是工业时代后，土地成为了生产和消费的对象，传统上带有神圣意味的“人——土地”关系变成了“资本——土地的关系”，自然的神圣感也随之丧失殆尽。这个时期自然奇观图像中人对自然的征服和控制得到了最大限度地体现，法国古典主义园林就是最典型的代表。这种情况一直持续到了 20 世纪中叶，能源危机和日益严重的生态问题，让人们开始反思对待自然的态度。伴随着其后迄今已持续了半个多世纪的生态主义热潮，出现了重新将自然神化的趋势，得益于这个时代奇观的普遍化，这种观念迅速地被呈现为图像，典型的例子是最近一些年来的灾难电影（图 3–5）。

龙王崇拜是原始自然崇拜的延续

法国古典主义园林

当代灾难电影中的自然形象（图片来自电影《2012》）

图 3–5　自然奇观的历史演变

自然奇观是人类最古老也是最具普遍性的奇观体验，贯穿了从原始神话与自然信仰到当代的生态主义热潮的几乎整个人类历史。从强大、神秘而多变的自然神祇，到人对自然的征服和控制，再到重新将自然神化的趋势，人对自然的态度经历了非常有意思的转变过程。

相对来说，异域图像的历史要短暂得多。农耕社会中人被束缚于土地之上，加之交通和通讯能力的限制，人们对世界其他地方的认识是非常有限的。在这种情况下，异域几乎存在于纯粹的想象之中，不仅是不可到达的，甚至是不可见的。并且,人的观念以所生存的地域(此地)作为中心,异域很大程度上是作为与“此地”成为对照的“他者”而存在的。因此，相比起对异域实际场景的反映，更多地带有从自身需要出发的虚构意味，正如爱德华·萨义德在《东方学》一书中所描述的作为他者的东方[①]那样。对异域相对确切的观念是伴随着人对世界其他地方的逐渐认知而建立起来的，和这种观念同时形成的是带有强烈感情色彩——热爱或憎恨、向往或恐惧——的图像。在这个过程中，前述的以自我为中心对他者的虚构始终存在,于是我们能够看到诸如马可•波罗笔下的东方、17~18 世纪欧洲艺术、建筑和园林中的中国风（chinoiserie）以及圆明园中的西洋风格建筑这样的异域奇观图景。然而,随着全球化的展开,想象和虚构得以存在的距离感迅速地被抹平。虽然今天交通方式的限制带来的距离感对于人类仍然不是可以忽略不计的，这维持了与旅游行为相关的奇观的存在，但是几乎已经没有人怀疑这个世界的彻底平面化只是早晚的问题，除非人类的活动扩展到更广阔的空间范围。

历史和未来无疑是带来更多愉悦感的奇观体验，没有自然或者远方的不可知世界所带来的恐惧。并且，更重要的是，对时间的认识和把握——无论是历史的经验还是对未来的预测——体现了人类独有的智慧所带来的优越感,如同柯林•罗在《拼贴城市》中所引用的："人类历史与‘自然历史’唯一的根本区别是前者绝对不可能再来一遍……黑猩猩、猩猩与人的区别不是在于所说的严格意义上的智慧，而是因为它们没有记忆力。每天清晨，这些可怜的动物必须面临着几乎完全忘却它们前一天生活过的内容,而且它们的智力只能运用极少的经验……同样,今天的老虎与六千年前的一样，它们每一只都如同没有任何先辈那样开始它们的生活……打断对以往的延续，是对人类的一种贬低，和对猩猩的一种剽窃。"[②]尽管从理论上看，人类并没有在时间维度上移动的自由，甚至到目前人类已知的知识尚不能确定时间确实真实存在还是仅仅是一种幻觉，但是心智穿梭于时间——历史和未来——的感觉确实能够带来愉悦、满足和优越感，这种感觉一定程度上和知识带给人的感觉是一致的。从这个角度上看,历史和未来图景带给人与智力、知识和理性相关的心理体验。即使是最悲观的未来主义预期，其深处潜藏的仍是对知识和理性乐观的积极心态。而贯穿文学、绘画、造型艺术直到电影、电视以及新互动媒体这些从古到今几乎所有的艺术形式中的历史和未来奇观图景，无疑是这种心态最清晰的体现。

因此我们认为，上述四种意象是奇观图像的四种基本的形态，代表了人类非

① 爱德华·W·萨义德．东方学．王宇根译．上海：生活·读书·新知三联书店，1999.
② （美）柯林·罗，弗瑞德·科特．拼贴城市．童明译．北京：中国建筑工业出版社，2003：118.

日常性体验最普遍的来源。而这四种情境在建筑和城市中的体现（如前文所述），只是更广泛意义上的奇观体系的一部分而已。

3.7　平庸的城市与疯狂的庆典

在本章的前面几节我们用了相当的篇幅讨论了技术与产品的进步，特别是交通方式的进步对城市结构、空间和形态引发的连锁性的影响。特别地，基于本书研究的主要内容，关注了城市公共生活和公共空间领域的变化。但很显然，公共生活仅仅是城市生活的一部分。尽管我们认为公共性一定程度上代表了城市的本意，但也不得不承认，日常生活及其所对应的空间——主要是居住空间——仍然是城市的基本背景。任何有关城市的研究，都必须对这一部分作出表述。

整体上来看，相较于公共生活和公共空间领域日渐强化的图像化、奇观化和非日常化，城市的日常生活空间呈现出令人惊异的普遍的平庸状态（在这里平庸一词并非贬义）。这种平庸体现在两个方面：一方面，在过去的半个多世纪中，居住和日常生活领域变化相对较小。在与 20 世纪前半叶现代主义建筑与城市运动伴随的大规模城市改造的高潮过去以后，西方城市的居住和日常生活空间就没有再发生显著的变化。这部分是因为随着城市化的渐近尾声，城市改造特别是住宅建设的放缓，也有一部分要归因于城市理论的变化：与之前的在住宅特别是城市集合住宅领域激进地寻求变革相比，战后的城市理论的基本指向是反对激烈的变化，甚至带有相当强的回溯意味。特别是与社会思想领域反对宏大叙事的倾向和左翼知识界普遍的消沉相呼应，战后的建筑与城市理论家们基本放弃了将城市集合住宅模式与解决社会经济和政治问题联系起来的研究思路。另一方面，则是住宅建筑和城市日常空间日益严重的同质化倾向。无论是原有城市区域的改造还是在新建区域中，如果我们去除建筑风格的差异和房地产业的噱头，就会发现这种同质化令人惊讶的程度。事实上，在大量的该类样本之间几乎不存在本质性的差异。并且，这种同质化并不完全是全球化意义上的同质化。尽管很多时候全球化被作为解释这种同质化的理由，但是如果以其他文化艺术领域以及前面提到的城市公共领域的状况为参照，我们认为这种同质化即使在全球化的大背景下来看依旧是异乎寻常的。

雷姆·库哈斯在《S，M，L，XL》一书中提出了“普通城市”这一概念来描述这种平庸和同质化的现象[①]。他指出了“普通城市”所具有的没有特色、没有中心、没有规划、没有文化、没有历史的特质，同时特别强调了“没有历史”这一特质对于“普通城市”形成的意义。因为在他看来，城市的历史以及对这种历史的认同感是城市的特色、中心、文化等要素以及城市规划行为的源头。同时，

---

① Rem Koolhaas and Bruce Mau. S，M，L，XL.The Monacelli Press，1995：1239-1264.

对于库哈斯来说，这种对历史的尊重甚至膜拜因为脱离了现实语境因而其合理性是非常值得质疑的，因此他对“普通城市”这一现象并没有表现出明确的批判态度（当然，由于库哈斯写作中惯常的表述立场的含混甚至暧昧的方式，也很难说他支持将“普通城市”作为一种可行的态度甚至方式），在他看来，这种现象的存在有其可以解释的合理性。

如果仅仅从满足功能需要的角度来看，这种平庸未必会造成非常严重的问题。毕竟这是对当代城市的居住和日常生活状况的真实反映：相对于传统时期来说，当代人的日常生活正在变得萎缩、单调和缺少乐趣，在全部生活内容中的比重逐渐降低（无论是在时间方面还是重要性方面）。但实际上，对于很多研究者看来，在被图像化奇观侵染的社会中，对日常生活的关注不仅仅是为了满足功能需要，还带有对日益强大的社会异化进行抵抗的意味。

一个典型的例子是法国学者亨利·列斐伏尔的日常生活批判理论。在列斐伏尔看来，当代社会对人的异化不仅体现在经济领域（如卡尔·马克思的劳动异化理论所主张的），更全方位地体现在整个社会生活领域。列斐伏尔的理论中特别强调了对日常生活的关注，将日常生活视为与马克思理论中的经济基础与上层建筑并列的社会要素，认为在当代社会中，日常生活甚至已经取代了生产和社会经济而成为社会对人的异化得到最集中体现的领域。他将异化的根源划分为几个层面：人与自然关系的异化、意识形态的异化、生产与交换的异化、政治系统的异化和生存状态的异化，而其中生存状态的异化就直接地体现在日常生活当中。并且在列斐伏尔看来，对日常生活的异化进行分析和批判，寻求一种非异化的生活方式，是人类摆脱异化、迈向解放的道路。①

从城市研究的角度来看，列斐伏尔所说的人类生存状态的异化，在城市生活和城市空间中的一个集中体现就是日常生活与空间的渐趋非日常化。从非日常生活的起源看，本来就和人与自然、人与生产以及人与人关系的异化有关。而在当代，随着这种异化关系的日益深入和普遍化，社会对非日常性的追求已经远远超出了个体本身对超越日常体验的心理需要，而更多地受到社会的整体生活方式、经济结构和文化状况的左右。特别是当代消费社会对图像化奇观符号价值的追逐，使得群体性非日常体验从对日常生活和个体体验的依附关系中摆脱出来，具有了独立的地位，甚至反过来在很大程度上影响和支配了个体的日常体验。这种独立性的另一个体现是，个体和生活方式之间原本清晰的需求——供给关系也被模糊了，生活体验特别是非日常体验被相对独立地制造出来并通过消费体系、文化体系和媒体的力量强制性地“给予”个体。

从这个意义上来看，列斐伏尔提出将生活状态的改变作为摆脱异化的道路确有其必要性。毕竟，生活状态和生活方式的异化已经成为这个时代的异化现象最

① Henri Lefebvre. Critique of Everyday Life，Voll，Introduction. Verso，1991.

为集中的反映。但是，这条摆脱异化之路是否具有现实的可行性则是相当值得怀疑的。商品消费和媒体的力量已经深入地渗透到今日社会的各个方面，这种力量对个体生活状态的影响和支配是压倒性的，以至于很难想象仅凭所谓的社会文化分析或者部分个体希望改变现状的意愿就能够推动对现状的改变。更何况，这种意愿本身也处于相当含混的状况：虽然很多人意识到了居住空间和日常生活所处于的这种可称之为“平庸”或“普通”的状态，但却很难清晰地界定问题所在以及这种状态背后代表着何种意义。并且，虽然这种状态被认为是有问题的，但是并不存在得到普遍认同的改进方向，即实际上并不存在一种假定的理想的居住与日常生活状态。虽然很多研究者都曾经试图提供一种理想化的样本，但这些样本要么带有过强的回溯式或超前式的超现实主义色彩，要么囿于特定地点的特殊现状而不具有普遍的代表意义（典型例子如前述雅各布斯的理想化的街道生活与格林尼治村这一特定地点的关系），因而都无法成为一种可供参照的模板。这使得各种试图改变现状的努力很大程度上处于一种散乱甚至是自说自话的状态。

还有也许更为重要的一点是，对日常空间与仪式性空间的关系以及这种关系所代表的文化和社会意义的解读实际上往往是基于我们当下这个历史断面的，因此很难断言这种解读是否具有普遍性的意义。更明确地说，尽管在今天强调日常生活对于社会和城市的意义成为一种主导性的基调，但在其他一些重要的历史节点上，仪式性生活则被赋予了更重要的意义。并且，如同今天日常生活所被赋予的意义一样，这种意义不仅仅是功能和个人生活状态上的，还具有文化和社会的内涵。一个突出的例子是前苏联文艺理论家米哈伊尔·巴赫金的狂欢化理论。在《陀思妥耶夫斯基的诗学问题》和《弗朗索瓦·拉伯雷的创作与中世纪和文艺复兴时期的民间文化》这两部著作中，巴赫金将社会研究与文学形式批评结合起来，通过对西方社会狂欢节传统的阐释来解读从文艺复兴一直到古典主义时期的西方文学传统。在巴赫金看来，从弗朗索瓦·拉伯雷的《巨人传》[①]开始的文学的狂欢化，承继了狂欢节传统中的自由精神，嘲讽和反抗中世纪宗教社会对人性和社会生活的压制。这种起源于原始狂欢仪式的狂欢节传统“形成了整整一套表示象征意义的具体感性形式的语言，从大型复杂的群众性戏剧到个别狂欢节表演。这一语言分别地，可以说是分解地（任何语言都如此）表现了统一的（但复杂的）狂欢节世界观，这一世界观浸透了狂欢节的所有形式。这套语言无法准确而充分地译成文字的语言，更不用说译成抽象概念的语言。不过它可以在一定程度上转化为某种同它相近的（也具有具体感性的性质）艺术形象的语言（如舞蹈），当然也可转化为某种文学的语言。狂欢式转化为文学的语言，这就是我们所谓的狂欢化。”[②]巴赫金指出了这种狂欢化与文艺复兴时代的广场与集市生活之间的联系，

① 拉伯雷．巨人传．成钰亭译．上海：上海译文出版社，2007.
② 巴赫金．陀思妥耶夫斯基诗学问题．白春仁，顾亚玲译．上海：生活·读书·新知三联书店，1992：175.

并将《巨人传》的语言风格称之为“广场语言(square language)”，认为这种语言是人文主义的重要体现。广场语言这个概念精确地体现了城市空间、生活和文学之间的微妙关系，或许我们可以借用巴赫金的说法：如果说文学的狂欢化是狂欢节的生活情态转化为文学的语言，那么广场就是这种情态在建筑和城市形态语言中的转化(简·雅各布斯所强调的街道生活与广场生活的差异是对这个问题的另一个侧面的反映，与巴赫金的理论相对应，在雅各布斯这里，街道代表了日常化的生活。同时，如果借用巴赫金对“广场语言”的表述，我们甚至可以将雅各布斯“都市蒙太奇”[①]式的论说风格称之为“街道语言”)。

对日常化与仪式化/狂欢化的复杂性的认知提醒我们，不要急于去界定这两种相对的生活状态的优劣高下，并且依此来设定标准或者试图为变革确定一个方向。实际上，对于当代社会中的日常生活状况以及日常生活与仪式性生活的相互关系，虽然我们不能一概以“存在即合理”的态度轻率对待，但也必须承认，这种状况确有其存在的合理性。并且，我们认为，这种平庸乏味的日常生活与极度狂欢化的结合，正是这个时代社会和文化特征的真实反映。

这种生活状况映射到城市空间和形态中，就体现为两种城市状况的并置：一方面，居住和日常生活空间的极度平庸化，另一方面，非日常空间的极度狂欢化和奇观化，这两种截然相反的城市状态以一种令人惊异的方式同时展现出来。并且，我们认为，这种并置状态并非简单的两种城市形态在空间或时间上的结合(即平庸化和狂欢化体现在城市的不同区域或者不同的时段)，而是更接近于处于极端状态的两个城市的重叠。城市中的每个要素——街区、建筑、景观——以及生活在城市中的每个个体都游离于这两个城市之间，同时归属于两者，而不是其中之一。

① 马歇尔·伯曼.一切坚固的东西都烟消云散了——现代性体验.徐大建，张辑译.北京：商务印书馆，2003：420.

第4章　技术与观念：公共生活的消解

在通过产品的功能性改变人的生活方式进而影响城市之外，技术还以另一种方式对城市施加影响：技术和产品的更新会直接影响人的观念，改变人对生活方式的理解，并反过来作用于现实生活与城市。如果一定要给这种方式一个功能化说明的话，那么，在这里技术和产品不是对以往的功能需求作出了更好的应答（比如汽车），而是创造了新的功能形态，并且这种功能往往是超越人的预期的。实际上，在传统时期，相对于技术和产品来说，宗教、哲学和科学对人类观念的形成和改变往往具有更决定性的影响。但是进入到20世纪以后，宗教基本没有针对时代的变化进行任何有效的调整，而哲学更是连自身的存在都成为了问题，特别是在本来对人类的观念影响最大的本体论领域，现代哲学几乎已经放弃了努力。因此，在整个20世纪中，宗教和哲学在影响人的精神世界方面处于日渐退缩的状态。与宗教和哲学的状况形成鲜明对照的是，20世纪科学在各个学科领域都取得了重大的进步。但是，从对人类观念的影响来说，这些科学进步远没有取得和其重要性相对应的影响力。现代科学理论日趋专门化和深入，重大的科学进展往往来自于宇宙学之类的宏观领域或者关于物质基本结构的微观领域，与中观的现实生活几乎没有联系，同时这些理论对于专业领域外的普通人来说也几乎完全无法被理解。因此，当代的诸如相对论或者量子力学之类的理论进步对人类思维和社会文化的影响远不及历史上的日心说或进化论。后者在各自的时代都曾从根本上改变了人类对于世界的认识并且一定程度上改变了社会文化的走向，这使得很多研究者形成了一个习惯的思路，认为对这个世界的真相的进一步揭示最终将会改变人类的观念。正是基于这一思路，在量子力学理论刚刚被提出时，很多研究者认为这种颠覆了“确定性”的理论必定对人类的思维产生重大的影响。但至今一个世纪已经过去，这一预期并没有实现。这个例子清楚地展示了当代的科学理论进展与人类观念之间的关系。相对于理论科学来说，技术和产品的更新更直观，更容易理解，与人类活动的关系也更明确。因此，在过去的一个世纪中，新的技术和产品取代了宗教、哲学与科学，成为影响人的观念、思维方式以及整个社会的生活和文化状况的最重要的因素。而这种观念与文化状况，也是我们研究当代城市问题最基本的背景之一。

4.1　超越预言的变化

回顾历史和预测未来是人类有别于其他动物的两种本能的思维方式。从久远的古代开始，每个时代都会有预言家之类的角色出现。随着人类对世界认识的深化，这种预测从依靠神秘的自然现象、神灵的启示或预言者的灵光闪现逐渐转向更多地依靠人类的理性从哲学、科学等现有的知识系统出发作出推断。这极大地增加了对未来预测的合理性和准确性，但同时，也使得这种预测由于受到既有知识结构和观察视野的制约以及思维惯性的影响，更多地表现为对既有的知识、技术、产品和生活的精细化和完美化，而在想象力和创造性方面相对欠缺。特别是，对于完全超越现有产品和生活形态的事物，往往无法作出预测，即使这种事物未必建立在不能企及的技术水准之上。

并且，如果我们仔细分析一些未来预测的例子，会发现其具体想法尽管千差万别，但其中并非没有规律可循。具体地说，我们可以看到，其中某些领域的进步总是被过于乐观地对待从而导致夸大的情况，而另一些领域实际取得的进步则超出了预想。拿近一百年来的情况来看，人们对于个人交通方式与速度、天气与气候控制、太空与深海探索技术、医疗技术、生产与服务的自动化、人工智能与机器人技术等技术的预期往往超过实际的发展状况，而对军事技术、通讯技术、媒体技术等相关技术和产品的发展则普遍预期不足。此外，相比于技术的发展，对艺术形式的改变缺少预期则是一种相当普遍的现象，无论是对于绘画和造型艺术，还是产品设计与实用美术，在过去的一百年中发生的变化都是超出预期之外的。在 20 世纪之交前后时期的一些以未来幻想为内容的插画中，能够看到，其中的人物穿着、物品陈设、生活场景以及城市面貌等，在风格方面基本都保持着 19 世纪后期的面貌。另一个典型的例子是 1927 年的电影《大都会（Metropolis）》，尽管影片中塑造了摩天楼林立的高密度未来城市景观，但建筑的形式却是北美早期高层建筑与哥特式混合的风格（并且这种带有哥特建筑意味的摩天楼城市图景在其他的科幻类影像中还曾一再地出现）（图 4–1）。

同时，我们也能够看到，有一些构成当代世界中人类生活基础的技术和产品，在 20 世纪之交的预测热潮中（每当世纪之交的时候这种预测就会成为一种潮流）几乎完全没有被提及。这其中最典型的例子就是个人计算机和互联网。虽然大量的对于 20 世纪技术发展的预测中都涉及了机器计算技术的进步，但预测中这种技术进步所对应的产品层面的发展一般是指向自动化和人工智能（典型的例子是艾萨克·阿西莫夫的科幻小说“机器人系列”①），而对个人计算机成为重要的个人设备的潜力反而估计不足，这种情况甚至一直延续到电子计算机已经出现之后的相当长的一段时间里。而互联网技术及其所导致的诸多变革则几乎完全出于所有人的意料之外。结合前面的几个例子，在这里我们能够看到：对技术性、社会性较强且具有“标志性”的未来主义特征（机器人、太空旅行等）的技术和产品，

① 艾萨克·阿西莫夫以机器人为主题的系列科幻小说，包括《机器人短篇全集》、《曙光中的机器人》、《机器人与帝国》、《钢穴》、《裸阳》。在小说中作者描绘了一个基于“机器人三定律”，有特定的行为规范和道德准则的机器人世界。

电影《大都会》中的未来城市图景

电影《第五元素》中的未来城市图景

图 4–1　科幻类影像中的未来城市图景

电影《大都会》中塑造了摩天楼林立的高密度未来城市景观，但建筑的形式却是北美早期高层建筑与哥特式混合的风格。并且，这种带有哥特或者其他传统时期建筑意味的摩天楼城市图景在科幻类影像中一再地出现。

预测通常较为充分甚至过度；而对于与个人生活关系密切的类别则往往预测不足，即使其具有可能导致生活形态发生根本性变化的潜力。

事实上，我们能够看到，在从 20 世纪中叶迄今的半个多世纪中，正是个人计算机和互联网技术的发展与普及从根本上影响和改变了人们的生活状态。这种影响涉及包含个人生活、工作、娱乐、交往以及社会经济、文化、艺术等社会生活的各个领域。从城市研究的角度看，城市中的个人生活与公共生活的方式、私有空间与公共空间及其相互关系的界定、交往方式与交往空间、目的性与偶然性、日常性与仪式性以及城市的形式审美等诸多方面，都受到计算机和网络技术的冲击。原有的城市秩序正在改变，新的空间形式正在生成。并且，与传统上新的技术和产品对城市影响的渐进性不同，新的技术浪潮对城市生活和空间的影响是爆发性的，很多已经延续了几百年甚至更久远的生活传统在短短的十几年间就被完全地改变。并且，更重要的是，这场变革很可能还只是处在初期阶段，它对城市的影响的深入和广泛程度，也许现在还远没有全面地展现出来。

从城市研究的角度看，个人计算机对生活状态的影响，更多地不是体现在其计算能力的进步（虽然运算速度突破一定瓶颈是计算机所有其他功能得以成立的基础），而是主要来自于如下三个方面：首先是计算机作为个人多功能应用平台的潜力，这是第一次能够将相当一部分工作、学习、娱乐、交往、信息存储与交流等多样化的功能在一个设备平台上整合起来。甚至如果从一个更形而上的意义上来讲，这是人类的机器发展史上机器的功能第一次从不断的分化转向复合。从城市的角度来看，这种机器功能的复合化转向一定程度上也为城市功能从分化转向复合、从单一功能走向混合功能提供了契机。其次，以计算机为平台的多媒体技术的发展，继电视之后成为推动娱乐、知识和文化图像化的最主要力量。一方面，这加剧了前文提到过的当代社会普遍的图像化进程。但同时，计算机图像所具有的可选择性使得读图行为从完全被动逐渐转向具有一定的主动性。尽管这种主动性在相当程度上仍受到社会文化和流行消费观念的制约，但随着图像来源的日趋多元化和个人化（受益于互联网带宽的提升和个人图形图像设备的普及化），我们有理由期待单一化的图像霸权能够变得有所不同。并且，互动媒体技术的应用更是使得个人与图像关系从单纯的内容、载体与受众的关系变得更为复杂暧昧。最后，同时也许是最重要的一点是，得益于集成电路制造技术的迅速进步，电子计算机的体积日渐小型化，这是计算机得以从科研和生产领域发展到个人化领域并实现其对当代社会的全方位影响力的基本前提。并且随着小型化趋势的继续发展和无线网络技术的普及，个人计算机已经进入了随身化时期，这使得计算机作为个人综合功能平台的应用几乎完全摆脱了地点的限制。对于城市来说，其结果是人的活动与特点地点之间的关系被进一步弱化。继汽车等现代交通方式削弱了场所性之后，这成为一次对场所性毁灭性的冲击。

同时，从上文的分析中我们能够看到，计算机对当代生活和城市所造成的基础性影响中，每一部分内容都是和互联网技术的进步和应用联系在一起的。事实上，个人计算机的发展和互联网的进步是一个相辅相成的进程，个人计算机（以及基于计算机技术的各类便携电子终端设备）构成了互联网的显示、交互和功能终端，互联网则使得个人计算机功能的社会性大大拓展。因此，在今天将这两者割裂开来看待的思路几乎是不可想象的。

4.2　新公共空间

从城市公共生活和公共空间的角度看，计算机和互联网所带来的改变，最直接同时也是最显著的是现实活动向虚拟空间的延伸。在接近 20 年前威廉·J·米切尔的《比特之城》以及尼古拉斯·尼葛洛庞帝的《数字化生存》刚刚出版的时候，很多人还认为数字化空间这个概念仅仅是对未来世界的一种幻想。但随着近 20 年来多媒体技术的进步、网络带宽的提升、终端设备的多样化以及新的交互型互联网应用（一般被统称为 Web2.0）的普及化，数字化空间被迅速地大规模构筑起来。相对于近几十年来城市实体空间表现出来的平庸化与奇观化并存的令人沮丧的混乱现状，虚拟空间的发展无疑地表现出令人振奋的清晰和明确，无论是在其所容纳的生活内容的广度还是对生活形态的改变程度来说都是如此。

在这里，我们用“虚拟空间”或者“数字化空间”指代基于个人计算机（以及基于计算机技术的各类便携电子终端如智能手机等）系统，具有特定的架构与界面，能够容纳人的功能性活动的单机或网络应用。从广义上讲，虚拟空间几乎包含了个人计算机与互联网世界可为用户所感知（区别于对于普通用户“不可见”的硬件与软件的基础架构）的全部内容。值得注意的是，使用“空间”一词同时用于描述传统意义上的实体空间和数字化的虚拟空间，确实在一些情况下容易造成概念的混淆。但是，考虑到虚拟空间在容纳和支撑人的活动的功能方面和实体空间的意义几乎完全一致（这一点是我们所说的虚拟空间与之前由电影等视觉媒体所创造的所谓“空间”最大的不同之处，后者不容纳真正意义上的人类活动，空间感完全依靠想象或是对角色和情节的代入感来产生，我们认为这并不是真正的空间而只是空间的某种映像），我们确实很难找到更恰当的词来对这种虚拟架构加以界定。并且，随着城市生活越来越多的部分被整合到个人计算机和互联网平台上展开，虚拟空间与实体空间之间的界限的正在变得越来越模糊，并且在可以预期的将来这种趋势还会继续深化。从这个意义上，我们完全有理由将虚拟空间看做是“空间”这一概念在今天这个时代的自然延伸。

有意思的是，我们能看到虚拟空间在视觉形式上受到实体空间影响的现象。最初，承继了工业和科研应用计算机系统的基础，虚拟空间（早期的 BBS 电子公告板、聊天室、MUD 网络游戏等）的表现形式以文字化界面为主。随着运算速度、显示能力和网络带宽的提升以及操作系统的改进，更形象化和便于操作的图形化界面逐渐成为主流。在这一过程中，能够看到很多图形界面模仿其对应内容的现实空间形态的例子。这其中有一部分是无可置疑的，比如一些电子游戏或者虚拟现实系统，其目的本来就是提供某种与实体空间相关的体验。但是另外还有一些很有意思的例子，诸如电子购物网站的界面刻意模仿实体商店的某些功能和视觉元素，或者电子阅读软件界面仿照实体书籍的页面组织和翻页方式，又或者让网络聊天室的界面具有类似住宅客厅或街头咖啡馆般的视觉感受等，并且这种现象现在有加剧的趋势（主要是因为图形图像和多媒体技术的进步以及网络带宽的提高使得设计者能够越来越真实地模拟现实）。这一方面是基于设计者希望在从实体空间向虚拟空间过渡的过程中照顾使用者的感受和使用习惯的意图，但同时也体现了目前在虚拟空间的视觉形态表达方面尚没有系统性的语言和独立的审美标准。在这种情况下，模仿实体空间中的既有视觉元素，无疑就成为最为简便也是最为保险的选择。

这种虚拟空间对现实空间的模仿一定程度上也说明了这个时代所面临的视觉形式同质化的状况。相对于实体空间创造中受到的成本、结构、技术和功能等因素的限制，虚拟空间几乎是不受任何约束的自由形式创造，存在着充分突破现有视觉形式的可能性。但从实际的情况看，其形态并没有超出实体世界既有形式的界限。并且，我们前文提到的理想化的自然、奇幻化的历史、科幻化的未来以及片断化的异域这四种超现实想象的基本原型，在虚拟世界的情境创造和形态表达中仍然明确地体现出来（这一点在电子游戏中的主体和场景中体现得尤为明显）。由此我们可以看出，虚拟空间的创建同样受到了现实社会消费化、符号化、图像化和奇观化趋势的影响，整个虚拟空间从一开始就被整合进实体世界无处不在的资本与消费网络中，成为奇观世界的一部分。如果举一个也许不太恰当的例子来类比，这实际上有些类似于一百多年以前现代主义建筑运动肇始之前的西方城市，在其中基本的功能逻辑、建造逻辑甚至审美逻辑都已经发生根本性变化的情况下，新的建筑和城市却仍然固守着原有的复古和折衷主义形态。对此，我们认为，虚拟空间实际上代表着这个时代新产生的生活形态与功能类型，它理应具有全新的空间逻辑与视觉形态，充分地表现出其创造性和批判性，并且对实体空间产生反作用。从这个意义上讲，今天的虚拟空间在视觉形式方面的表现是令人失望的。但是，鉴于其迄今为止相对短暂的发展时间和在功能形态上所表现出来的卓越的创新，我们仍有足够的理由对其未来在形态方面的表现抱有期望。

今天，伴随着计算机和互联网功能的日益扩展，虚拟空间正在渗透进人类社会的各个方面，几乎在社会生活的每个领域都有空间虚拟化的进程发生。从本书的研究视角出发，我们仍然更为关注公共领域的虚拟化现象。从其所容纳活动的类型和形态出发，虚拟公共空间大体可以分为如下几种类型：工作空间、学习空间、观赏空间、交易空间、服务空间、交往空间和游戏空间。必须要强调的一点是，这里的分类仍是基于这一活动在传统实体空间中的公共性表现，而下文我们将会看到，当活动转换到虚拟环境中进行时，其公共性程度存在着发生变化的可能。此外，在将一部分活动纳入到虚拟空间进行的同时，虚拟空间同时也在以其特性改变着活动在实体空间的组织形式。

在计算机和网络时代，工作空间的变化是相当显著的。一方面，计算机系统和各类专业软件成为相当一部分工作得以完成的空间环境。另一方面，互联网的普及使得工作地点集中化的意义大大降低，这使得除了制造业之外的很多工作环境都面临瓦解的可能。今天的工作空间正经历着与工业化早期时代相反的发展进程：大工业生产打破了原有的以家庭为单位的作坊式生产模式，使得生产要素高度集中。这种模式因其极高的效率在工业生产之外的领域也得到了广泛的采用，并且直接影响了城市的结构与空间组织。而今天，对于很多职业的从业者来说，工作回归家庭已经重新成为一种可能。这在一定程度上改变了工作行为的公共性属性，降低了实体环境中对工作空间公共化程度的要求。原本在现代城市中，工作空间是对公共性属性要求最强的空间类型之一，并且对于个人来说这种公共性带有很强的不可选择的强制性色彩。今天，这种公共性很大程度上为虚拟工作空间的公共性所代替，与实体空间公共性的实现对城市结构和交通等基础设施的压力不同，虚拟空间的公共性可以借助互联网轻易地实现。

学习空间指的是以知识的传授和获取为目的的空间类型，传统上包括学校和图书馆等。前者的功能、空间组织方式和工作空间很类似，后者则接近观演或娱乐用途的公共空间。这两种类型表现出相似的特征，即学习行为的集中化，学校和图书馆一方面是容纳学习行为的场所，同时也是“保存”知识的所在，这种空间模式很大程度上来源于传统社会中知识为少数精英阶层所垄断的状况（从古希腊的学园、中世纪的修道院一直到文艺复兴之后的学者阶层）。进入现代社会之后，虽然知识已经日益普及化，并且对在全社会范围内快速地分享知识提出了要求，但是并没有能够形成新的知识分享机制。这部分是源于人类对于事关自身心智和思维的变革所一贯抱持的审慎态度，同时也不能排除精英阶层维持自身对知识话语权的控制的潜意识行为（现代教育特别是大学教育实际上仍保留着传统时期学者行会的一些参与传统，而作为行会这种性质的组织来说，维护自身的利益和垄断地位几乎是一种本能）。直到互联网的出现，才为这种新机制的建立提供了契机。当代社会中，知识载体的虚拟化和网络化使得知识的保存和分享可以在同一层面上来进行，知识分享即学习的过程正在变得普及化、分散化、片断化。虚拟课堂、虚拟图书馆（实际上，我们并不赞同诸如“虚拟图书馆”这样的用词，因为这带有很明确的将实体空间直接映射为虚拟空间的意味，如前文所述，这种有限性并不符合我们对于虚拟空间的预期。但是，为了行文的方便，本书中暂时沿用这种习惯性的说法）以及网际综合知识库的出现，正改变着人们获取知识的方式。这其中既有对旧有知识载体的虚拟化（例如《微软百科全书》Microsoft Encarta 和“Google 数字图书馆”），也有开放式、多来源的新形态知识库（例如“维基百科 Wikipedia”）。并且，我们认为，后者是更符合这个时代的形式（微软公司在 2009 年关闭了 Microsoft Encarta 业务，对于其原因微软解释说：“传统百科全书的种类和涉及的材料已经改变，当今的用户正在通过不同的方式来搜索信息”。[①]我们认为，这是虚拟知识库发展历史上具有里程碑意义的事件）。尽管

① 2009 年 3 月 30 日，微软公司关于关闭数字多媒体百科全书 Encarta 业务的声明。

迄今为止虚拟化的学习方式还未能真正动摇传统知识传播体制的内核，但是，在我们看来，今天的社会还仅仅是处在学习方式变革的起点而已，更激烈的变化随时有可能发生。

观赏性空间的历史从古希腊的剧场、古罗马的斗兽场一直发展到今天的电影院，并且随着观赏范围的扩展，加入了博物馆、美术馆、展览馆、博览会、体育场馆、动植物园等新的类型。广义上来看，以观赏为目的的旅游空间（区别于以体验为目的的旅游空间，典型例子是各类已经不再容纳实际生活情态的文物古迹）也可以包含这一类型。这一类空间最容易受到虚拟化趋势的影响和冲击，因为单一信息传递方向、简单逻辑的观赏行为，相对其他互动性和复合内容的活动来说，更容易在虚拟空间得到较为完整的复制。事实上，在电影和电视产生后，舞台表演与观赏行为的价值就曾一度受到过质疑。尽管由于对真实性和现场感的强调使实体剧场仍然保存了一席之地，但没人能否认现场演出在当代社会的娱乐生活中所处的边缘地位。进入了计算机和互联网时代以后，虚拟观赏空间获得了更大的灵活性，并且随着图像采集技术、多媒体技术、显示技术的进步和网络带宽的提升，虚拟影像在细节再现程度和现场感营造方面正在不断进步，这使得上述所有以观赏为目的的实体活动的必要性都在日益降低。并且几乎可以断定，在不久的将来，随着虚拟现实（Virtual Reality，简称 VR 技术）和 3D 显示技术等新技术的完善和普及化，虚拟空间将提供能够与现场观赏高度一致到在人的知觉所能分辨的范围内难于区分的感官体验。在这种情况下，现场观赏的价值将只剩下心理意义上的对“真实性”的追求而已（并且我们很怀疑在虚拟化普及的时代中这种真实性至上的价值观不会受到任何动摇）。就上文提到的几种类型而言，静态的展示陈列品的完全虚拟化相对于动态的表演要更容易，而体育竞赛由于对真实性有着更高的要求，且更为强调现场感和观众与运动员之间的互动，其现场观赏活动将较长时期地得到保持。

交易空间是迄今最为人所熟知也是影响力最为广泛的虚拟空间的范例，电子商务解决了最初广受质疑的安全性问题后在最近十多年来获得了超越预期的发展。但是这并不意味着虚拟交易空间一定能够在不远的将来占据压倒性的优势。实体的购物空间从传统的集市发展到今天的综合性购物中心，其基本的功能逻辑和空间逻辑都没有发生本质性的变化，这在一定程度上说明购物行为作为人类历史上最为久远也是最为基本的公共活动之一所具有的成熟性和稳定性。并且，购物行为中融合进了体验性和交往性活动的要素从而不再是单纯的目的性功能活动，这也有助于实体购物行为的持续。因此，尽管虚拟交易行为发展迅速，但我们认为，实体购物行为仍将长期存在并在社会生活中占据重要地位。关于这一点，在本书的后面还将详加阐述。

诸如餐馆、医院或者理发店这样的服务空间在虚拟化的过程中所面临的问题要复杂得多。其中的瓶颈不在于信息的采集和传输方面，而在于服务终端的自动化程度。前文曾经提到，自动控制和机器人技术的发展要比预期中慢，这与其说是受到技术水平的限制，不如说是更多的是由于经济性使然：全球化使得生产和服务向劳动力价格较低的地区转移，从而缓解了劳动力成本高企的压力对自动化技术的要求。并且，即使未来全球范围内劳动力成本大幅上升，自动化技术的普及很可能也只是限于生产领域，而劳动力密集的服务性行业对于解决劳动力就业问题的贡献，在当代社会的政治经济体制中是不可缺少的。事实上，在一百多年前的科幻插画中，我们就能够看到自动理发机、机器人厨师之类的情景，但在过去的一个世纪中，尽管相关的技术均取得了相当的进步，但这些设想却并没有变成现实。

如前文所言，社会交往需求、尊重需求和自我实现需求这些较高层次的个人需求都需要通过人与人之间的交往来实现。而从现代性研究的角度看，交往行为的发达实际上体现了社会对人与人之间的关系能够实现有效的控制（通过宗教、道德或者法律），是现代性最集中的体现之一。从这个意义上来说，交往空间是公共空间功能和形态发展的较高级阶段，代表了人类活动从纯粹的功能层面解放出来，其目的变得更为复杂和含混，而这种行为目的的复杂性，本来就被认为是人类的活动区别于动物的本能行为的特征之一。这种复杂和含混的特质同样反映在空间形态中：从交往空间在城市中的实际表现来看，一方面，相对于前述的其他功能空间而言，交往空间在类型、规模和形态等方面都表现出相当的多样性和灵活性，对社会生活、经济、文化等要素的变化均有灵活而充分的反映；另一方面，除了专门容纳交往行为的空间外，在其他功能类型的空间中或多或少的都有交往活动伴随发生，在现代社会中这一点表现得尤为明显。以前述的几种活动和空间类型为例，人们在进行工作、学习、观赏演出或者体育赛事、购物等活动的时候，都会有社会交往行为伴随发生。并且，在很多情况下，交往行为在活动中所占的比重和重要性，已经不亚于甚至超过功能性行为本身，成为引导活动发生的重要的潜在目的（典型的例子是流连于咖啡馆和酒吧中的人们大多并不是为了品尝）。特别是在当代社会中，随着空间的功能性日益为进步了的技术和产品的功能所替代，很多公共空间类型都面临着重新界定自身功能内涵的问题。在这种情况下，加强对人与人之间的互动的激发，将功能性空间与交往性空间结合起来，成为了一种普遍的选择。

个人计算机和互联网技术对交往空间的影响主要体现在两个方面。一方面，一系列包括电子公告板、网络通讯软件、虚拟聊天室、社交网站等形式在内的虚拟交往空间被创造出来。与功能性空间在虚拟化过程中所受到的功能制约不同，交往空间本来就不需要依托特定的物质性设施。因此，受益于互联网提供的近乎无限的信息传递能力和空间拓展能力，交往空间的虚拟化取得了令人振奋的成功（各大社交网站的注册和在线人数无疑是这一成功最好的例证）。在这个虚拟空间中，全世界的人们以前所未有的紧密程度被联系在一起。虚拟交往空间所取得的成功，一定程度上削弱了实体交往空间的重要性，其中一部分被代替，另一部分则变得不是那么不可或缺。但另一方面，其他功能空间在面对虚拟化的冲击时，前述的以交往、体验性活动替代目的性功能活动、将功能空间复合化的趋势体现得更为明显。在这种情况下，我们能够看到，在各类实体功能空间中交往空间所占的比例都大大提升了。甚至对于很多城市研究者或者建筑师来说，充分发掘交往空间的意义，成为了挽救很多既有的城市公共空间和建筑类型在虚拟时代免遭淘汰的一种有效的策略（一个典型的例子是雷姆·库哈斯在西雅图中央图书馆项目中面对这个时代图书馆内容的变化所采取的设计策略）。我们能够看到，对于实体交往空间而言，上述两个方面所产生的效果是截然相反的。前者意味着实体交往空间的渐趋瓦解，后者则指向其在城市空间中所占比重的趋于最大化。我们认为，未来一段时间内交往空间的发展，将是在这两种趋势交互作用下的产物。而在可预见的近期来说，一个很明确的迹象是实体交往空间的分散化，即专门化的、集中的交往空间趋于削弱，但对伴随其他活动发生的交往行为的激发则得到了强化。

我们将电子游戏所建构的虚拟空间称之为游戏空间。将这一空间类型放在最后来进行讨论已经显示了我们的重视态度，因为与其他的虚拟公共空间类型能够在实体世界找到相对应或是相关联的实体空间不同，游戏空间在实体世界几乎没有实际的对应。换句话说，这是在空间虚拟化技术产生以后创造出来的全新的空间类别。我们不认为那种将游戏空间视为实体世界的游戏项目在虚拟空间的对应之物的观点是恰当的。实体世界的游戏，大多起源于对身体和思维进行锻炼的目的，可以视为是体育竞技或思维活动的日常化版本（后者的例子是棋类游戏），而电子游戏并不以这样的训练为目的。如果一定要追溯游戏活动和实体世界的关联的话，可以认为游戏活动实际上是一种以体验为目的的活动，特别地体现为对超越现实生活情境的非日常体验的追求。这种体验性活动最典型的例子是旅游，我们认为人们在电子游戏中所获得的体验和旅游是有类似之处的，即摆脱平庸乏味的日常生活，参与到一种与自身所处的生活环境完全不同的生活中去。但在旅游活动中，旅游者对于这种生活情境的参与往往只限于旁观者的角色；而在电子游戏中，游戏者则有着更强的带入感和参与感，并且随着多媒体技术和专门用于游戏的计算机外设的开发，这种参与感得到了进一步强化。从这个意义上来讲，电子游戏和旅游一样满足了人类本性中的某些特质。更具体地说，每个人只能实际体验现实世界众多生活方式中非常有限的一部分，而电子游戏这样的活动在虚拟空间中为人们提供了以另一种身份体验不一样的生活的机会，并形成与人们读小说或是看电影时对角色和情节产生的带入感相类似的感受，但更加直接、更加形象化，也更加具有真实感。

从这个意义上来说，在实体世界中具有较为类似含义的游戏不是那些规则化的体力或智力游戏，而是人们在幼年时期自发的、更天真的游戏形式，孩童们在游戏中扮演心目中的英雄，用简陋的方式将理想中的生活现实化（在孩童的心目中，成人世界的生活相对于自身来说也具有非日常的意味，也是值得向往的，这反映为类似“过家家”之类模仿成年人生活场景的游戏，孩童在其中扮演成人的角色）。在成年人的世界，这种游戏的方式基本上已经不复存在了，但是这种对未实现的理想化的个人角色和生活的渴求仍然隐藏在每个人的内心深处。而优秀的小说或戏剧作品的吸引人之处往往就在于能够唤起这种渴求并使读者或观众产生带入感，仿佛自己就是其中的角色一样（当然这种通过唤起带入感而实现与读者的共鸣只是文学和表演艺术的诸多创作形式之一），而电子游戏则是通过建构虚拟空间而实现了这一点。实际上，确实有不借助计算机来进行的具有同样内涵和精神取向的游戏方式，即桌面游戏（Tabletop Game）特别是桌面角色扮演游戏（TRPG，Tabletop Role-playing Game）。但其对社会和生活的影响远没有电子游戏来得广泛和深入。此外，并非所有的电子游戏都具有虚拟空间建构的意义，例如一些没有角色、情节和背景的小型休闲类游戏，这一类游戏不以通过内容提供代入感和共鸣为目标，而仅仅作为消磨时间之用。这一类游戏尽管受众众多，但对计算机平台的使用仅仅是一种媒介式的使用，而不具有功能形态或文化模式意义上的创新性，因此并非我们讨论的重点所在。

单机电子游戏为每一个游戏者所创建的虚拟空间是彼此独立、平行的空间。而在网络游戏中，这些空间通过互联网联结起来，形成了一个虚拟的世界。在这个虚拟世界中，每个游戏者不仅体验游戏所提供的内容，同时也与其他的游戏者之间形成互动，彼此交流、合作或者竞争。这大大丰富了游戏者所获得的体验的真实感和复杂程度，使得游戏空间所带来的感受更接近于传统意义上的空间体验。同时，通过网络联系在一起、处于同一个虚拟空间中的游戏者们，如同生活在一个城市中的人们一样，会形成复杂的社会关系和行为准则。并且，在一些极端的例子中（譬如 Linden 实验室开发的网络游戏《第二人生》Second Life），网络游戏甚至仅仅为游戏者提供一个基本的平台，而不提供或仅提供最基本的游戏内容，游戏者的体验完全基于彼此之间的互动。

在这一节中，我们对主要的一些虚拟空间类型进行了分类的讨论。实际上，对已有和可能出现的各类虚拟空间的详细阐述并非本书的主要内容（在威廉·J·米切尔的书中对此已经有了详尽而精彩的论述），但在此花费一定的篇幅来对此加以概述仍然是必不可少的，毕竟这些基本的事实是我们进一步讨论个人计算机和互联网时代的城市生活和城市空间的基础。

4.3　宅文化与公共生活的萎缩

与虚拟空间的出现和令人振奋的发展相比，城市实体空间发生的变化看上去要消极得多。人类活动向虚拟世界的延伸，在从象征意义上对实体空间“唯一”

的重要性提出挑战的同时，也在事实上不断造成城市实体空间的萎缩。一方面，一些城市公共空间的功能为虚拟空间所取代；另一方面，城市空间的总体结构和组织形式也由于虚拟化和互联网的冲击而发生变化。

在上文提到的工作、学习和观赏等一些功能类型比较单纯且虚拟空间相对比较发达的领域，实体空间的活跃程度表现出显著的降低。从量化的角度来衡量，在城市化程度相对比较稳定的城市中（相对于正处于快速城市化进程中的城市，这一类城市中仍有可能存在着公共空间的快速增长），这一类空间在城市空间中的整体比重呈现出增长停滞甚至减少的状况。同时，在以往的城市中，这一类空间因其重要性往往成为城市结构中的核心要素，例如以中央商务区（CBD）或是包括博物馆、剧院等建筑的文化核心区作为城市中心区来组织城市空间。而在虚拟化的冲击下，这种重要性也被显著地降低了，在一些城市中 CBD 面临着逐渐萎缩甚至解体的趋势，文化核心区的必要性同样也受到了质疑。

而对于商业购物、交往空间这一类功能复合化程度较高的空间类型来说，虽然从数量上看并没有出现萎缩的趋势，并且随着单一功能空间的减少，其在城市公共空间的比例还很有可能出现上升的情况，但是这并不意味着其没有受到虚拟化和互联网技术的冲击。正如我们前面提到的，购物空间的功能复合化、交往空间的分散化，都说明了这一类空间在应对技术和人的活动模式变化中所产生的结构性变革。

而从总体的情况来看，在当代以及可预见的将来，城市公共空间的萎缩已经成为一种趋势。并且我们认为，这种趋势并非自今日而始，其原因也并非仅仅是因为个人计算机和互联网的影响。事实上，正如前文所提到的，西方世界的城市公共生活在 20 世纪 60 年代达到了一个顶峰。所谓盛极而衰，也正是从那时起，城市公共生活从繁荣开始走向衰退，这种衰退作为一个长期的趋势一直持续到今天，并且没有逆转的迹象。造成这一事实的原因要归于技术、经济、社会以及文化等诸多方面的综合影响，而其中能源危机、全球化进程加速、社会经济结构向后工业时代的转型、个人计算机与互联网等信息技术的发展是其中最具关键性的几个因素。

并且我们还能够看到这样一个事实：这种变化不仅仅体现在具体的生活样式和空间类型上，还正日益以文化的方式被固化下来。在城市生活、文化与空间发展的历史上，每一次变革都经历着这样一个过程：技术、经济和政治层面的原因导致了变革的发生，但这种变革在初期通常不会得到普遍的支持和认同，在这种情况下，原有的生活文化和空间文化往往成为阻碍变革的力量，拖慢变革普及的进程。直到文化本身也产生变革，生活和空间层面的变化以文化的形式固化下来形成新的文化，为这一系列的变革画上句号。传统上，由于文化所固有的稳定性，从功能和空间的变革到文化的变迁的这个进程，通常会持续比较长的一段时间。但在今天，当代社会技术、资本和媒体强有力的支配力量，使得社会变革延伸到文化领域的速度比以往要来得快得多。同时，这一次的文化变革呈现出与以往不同的特征，其中最显著的一点，就是旧有的城市生活文化瓦解以后，并没有形成统一的新文化类型，换句话说，这个时代没有形成统一的或者占据主导地位的所谓“时代精神”。新的文化特征在城市生活中以碎片化的形式体现出来，形成若干片断式的文化形态。

在这些文化片断当中，一种基于对公共生活的逆反的“宅文化”清楚地表达了这个时代的城市生活的某些特征。“宅”这个概念最早起源于日语中“御宅族”（**おたく**、otaku）一词，指的是热衷于动画、漫画、电脑游戏等主流之外的亚文化[①]的人。在其后的传播中“宅”一词的涵义逐渐泛化，引申出了宅男、宅文化等说法，用来形容一种主观上脱离社会、自我封闭、沉溺于自我世界的生活和心理状态。实际上，在最早使用这个概念的日本文化语境下，对于处于这种状态的人另有专门的用语来形容，叫做“隐蔽青年”（**ひきこもり**、Hikikomori）。但从在东亚文化乃至世界范围内的影响力来看，这个说法后来远不如“宅”的概念来得普及化，并且其涵义逐渐被合并于其中。这部分是因为在跨文化传播中的普遍的误读问题，但也有很大程度上是因为“御宅族”这一群体表现出了强烈的脱离现实社会和公共生活的倾向，换言之，“御宅族”和“隐蔽青年”人群表现出相当的重合。这从一个特定人群的角度反映出了虚拟空间（在这个例子中由动漫和游戏所建构）对实体空间及公共活动所造成的冲击。

宅文化（这里以及本书下文提到这一概念时均采用其广泛化的引申含义）在行为模式和生活方式上具体体现为如下一些特征：习惯独处于个人空间、讨厌社交甚至拒绝与他人接触、拒绝参与社会公共生活、不关心外界事物、对内心世界的变化敏感、往往将精力投入于某种小众化的兴趣爱好，等等。这种状况的普遍出现并得到重视始于20世纪七八十年代的日本，这个时期的日本经济富足，同时整个社会受到图像媒体强有力的影响，加之日本技术和经济领域所特有的乐于优先将技术应用到娱乐经济领域的技术观（典型的例子是索尼公司的娱乐机器人产品），共同催生了这一文化形态的产生。在这一时期的日本20岁左右的年轻人身上普遍地表现出这种生活方式的影响，而在其后的二三十年间，这一文化形态的影响在包括东亚国家、美国和欧洲在内的世界上大多数地区的年轻一代身上都有或多或少的体现。

对于这一发生在年轻人群体中的心理与行为倾向，主流社会最初表现出了强烈的反对态度，将其归为心理问题与精神疾患的范畴，甚至将之与一些青少年犯罪行为关联起来，希望通过家庭和社会的强制性手段对这种倾向予以纠正。随着时间的推移和这种生活方式的渐趋普遍化，主流社会的态度逐渐转向相对温和的中立态度，并且认识到这种现象背后的社会原因和文化意义。虽然仍然处于主流

---

① 亚文化（sub-culture，也译作次文化），一般用来描述区别于主流文化的差异性文化。详见本书第5.2.

文化之外的小众化地位，但这种生活方式已经一定程度上获得了社会的理解，在社会生活中获得了自己的位置，形成了一种有一定影响力的亚文化类型。我们认为，这种文化形态实际上非常精确地反映了我们这个时代的社会生活和城市文化变迁的趋势。尽管今日社会仍然处于这个趋势的初期，但年轻人以其特有的对变化和新兴事物的敏感性，把握到了这个时代所具有的特征，并且反映在自身的心理和生活状态当中。并且，不排除其作为一种生活模式和文化趋势在将来有进一步普及化甚至相对主流化的可能。实际上，在历史上很多小众文化在其产生的初期都曾受到主流社会的激烈批评，但在一个时期以后逐渐为社会所接受，甚至成为新的主流文化的一部分（摇滚乐、波普艺术等都是典型的例子）。在现代社会，这种边缘文化主流化的过程中，其推动力往往来自于消费商业和图像媒体力量的推动。这一点我们在今日诸多的关于所谓“宅经济”的研究中已经能够见到端倪，而电子商务超出预期的发展，很大程度上也与这一文化背景有关。

我们认为，宅文化所体现的心理和行为模式，看似与当代社会主流文化格格不入，但实际上反映了一定的文化意义上的必然趋势。首先，从技术伦理的角度看，降低公共生活的必要性本来就是技术发展的意义的一种体现。技术进步和社会生活与文化之间的关系具有两重性：一方面，从客观的可能性的角度看，技术进步强化了人掌控自然和协调人与人之间关系的能力，使公共活动在类型和程度上都趋于发达（如前文所述，这是现代性的基本目标和重要表现之一）。另一方面，从主观的必要性的角度看，技术和产品的功能所提供的便利性使人可以越来越不必将与自然和他人相接触作为维持生存和生活的必需（一个调侃的说法是人类的懒惰是推动科学和技术进步的终极力量，其实从技术伦理的角度看，这个说法不无道理），从而从根本上动摇甚至瓦解公共活动存在的基础。其次，从社会形态和价值观发展的角度看，对个体价值、个人理念、个性化生活的推崇，本来就是当代社会价值观的重要体现之一。相对于具有集体主义特征的社会，将个人价值放在更高地位的社会形态，对公共生活的展开较少具有强制性的推动作用。

从城市生活和城市空间的角度看，宅文化一方面是这个时代公共生活和公共空间的萎缩的最集中体现，另一方面则相对地提升了居住空间在城市生活中的地位和重要性。

居住空间与公共空间的相互关系、住宅在城市整体结构和空间中所处的地位以及建筑师对待住宅的态度的变化，一定程度上是城市形态变迁的集中体现之一。特别是在近几个世纪中，伴随着城市理论和实践的变革，住宅空间在城市研究者和建筑师视野中的价值也不断地发生变化。甚至可以说，一部近现代的城市史，就是一部住宅与公共空间的地位和相互关系的变迁史。在传统时期，住宅在城市结构中占据着较为重要的地位，这种重要性体现在数量和对城市结构和形态、风格所具有的影响力上。进入工业化时期以后，工厂等生产空间成为新兴的工业城市城市结构和空间组织的核心，住宅成为公共性的生产空间的依附物，表现为附属于工厂的工人宿舍和城市中的集合住宅区。这种居住空间几乎完全为工业化大生产的高效率而存在，空间和形态品质都极为低下，以至于住宅问题一度成为产业工人与资本家矛盾冲突的焦点问题之一。对此，在 20 世纪上半叶的现代主义建筑和城市运动中，建筑师和城市研究者们试图通过理论和实践的修正来改变这一点，将住宅问题特别是城市集合住宅作为城市研究的核心问题之一，并将城市集合住宅革新作为以建筑影响社会、解决社会问题的切入点。现代主义住宅运动在城市集合住宅领域取得了丰硕的成果，创造出了富于吸引力的建筑空间和城市空间样式，但在作为其出发点的社会领域并没有取得实质性的进展。同时，现代主义的一些理念和做法，超越了那个时代的社会所能接受的程度，在实践中造成了一些问题。在整个 20 世纪后半叶，主流的城市研究思路几乎都是围绕着对现代主义的反思和纠正来展开的。在这个过程中，如在本书前面曾经提到过的，鉴于对之前城市理论中的宏大叙事思路的反思以及建筑和城市领域左翼思想的式微，研究者和建筑师们基本放弃了以建筑作为介入社会问题的媒介的思路。在这一时期的居住空间研究与设计中，对住宅与社会关系的探讨多从防卫性设计等空间细节出发，很少涉及深入的对居住空间的社会属性的研究。当我们回望这一段历史，虽然不能否认这个时期的研究者们所做的贡献，但是 20 世纪后期住宅领域的理论和实践所呈现的平庸化的状态几乎是无可辩驳的。

而在今天这个时代，技术的进步以及城市生活方式的相应改变，使居住空间又一次具有了回到城市舞台的中心地位的可能。面对诸多原有的公共性活动向居住空间的回归，以及公共空间的萎缩造成的居住空间在城市结构中地位的相对提升，如何重新界定这个时代居住空间的特征，探寻居住空间与社会生活和社会文化的新契合，并重新建立住宅与公共空间之间的平衡，就成为这个时代的建筑师和城市研究者所面临的新问题。从这个意义上，甚至可以认为，在不远的将来，技术水平和社会文化的共同作用有可能提供一次围绕居住空间更新来重新组织城市结构和空间的契机。

4.4　不再稀缺的偶然性

通常来说，技术与产品的进步对人的行为模式的影响主要集中在功能性活动方面，新的技术和产品满足了原本无法满足的功能需要，同时激发出新的功能要求，从而从根本上改变人的活动方式，并进而对城市结构和空间组织产生影响。就个人计算机和互联网所带来的变革来说，对功能性活动和目的性空间同样造成了显著的改变，虚拟空间提供了更便捷的功能途径，例如工作、学习、观赏和购物等行为的便利化。但很少被提到的是，空间的虚拟化同样会对偶发性活动和空间产生影响，并且我们认为，随着技术的进一步发展以及对社会生活影响的趋于深入，未来的空间虚拟化对实体世界的最大冲击很可能就是来自于偶发性方面。互联网和虚拟空间提供了几乎无限的偶然性，这从基础上冲击了传统上公共空间存在的意义。

在前文中曾经提到，公共空间存在的最重要的意义之一，就是使人们聚集在一起，从而增加了偶发性活动发生的概率，这也正是大型、超大型城市存在的意义。在城市空间中，这种能够充分激发偶发性活动的特质甚至往往超过了空间本身所具有的功能意义。并且，在传统城市中，这种空间特质并不是能够轻易获得的，而是需要地点、功能、空间、形态和社会生活等要素的充分结合。也正是因为如此，那些具备这种特征的城市空间，往往能够成为富于魅力、使人印象深刻的场所，一些著名的城市广场就是典型的例子。

而在虚拟空间中，这种偶发性的获得要相对容易得多。一方面，互联网将足够多的人联系在一起从而保证偶发性活动的发生在频率上的可能性。并且，这个数量从与活动发生的关联性方面看是切实有效的，也就是说，通过互联网被联结在一起的人们之间都实际存在着发生偶发性的交往或体验活动的可能性。这一点与实体空间中人的数量的边际效应形成鲜明的对比：同处于一个城市中或者一个区域中的人，绝大多数没有实际的可以联结在一起的渠道。一个更具体的例子是：即使十万人同时站在一个广场上，一个人所能实际接触的也不过是在他周围的几个人而已。从这个角度来看，虚拟空间对数量优势的发挥能力是实体空间所难以企及的，并且这种能力还在随着网络客户端软件和网站内容的创新而不断提高。另一方面，虚拟空间提供了现实世界无法比拟的自由度，使人们能够更容易地克服心理上因与他人相接触所产生羞怯和恐惧感，从而使得交往性和体验性活动发生的水平得到了提升。尽管在某些情况下这会造成一些道德甚至法律层面的问题，从而对建立基于互联网和空间虚拟化的道德准则和行为规范提出更迫切的要求，但毫无疑问这种自由度促进了偶发性活动的活跃。

并且我们认为，虚拟空间让使用者进入的状态也与偶发性活动所凭依的氛围更加契合。偶发性活动和空间的意义体现在两个方面：一方面是对不确定性和不可预知性的强调。这种不确定性和不可预知性正是生活最大的魅力之所在，正如波兰作家维斯拉瓦·辛波斯卡在那首著名的诗《一见钟情》中所描绘的那样：“……这样的确定是美丽的，但变幻无常更为美丽。”辛波斯卡的这首诗堪称对生活中的偶然性和不可预知性的魅力的最为精确的诠释。另一方面，出于对目的性的逆反，偶发性的意义还体现为漫无目的的闲适状态，即活动和空间的存在不是为了特定的功能性目的。特别是在现代社会中，对效率、速度和时间的追求成为一种常态的情况下，这种闲适本身就具有了奢侈的意味。正如前文我们曾经提到的那样，城市广场中的无所事事的人们是这种状态的最典型的例子。

就偶发性的这两个方面的意义来说，如果说互联网所联系的人群数量优势和沟通方式的便利性，创造了充分的不确定性和不可预知性的话，那么人们在虚拟空间中所处的状态，则很好地诠释了非目的性的意义。我们认为，那种认为人在使用计算机时一定是在工作、学习、游戏或者干些什么的看法是有问题的。事实上，当面对电脑屏幕时，发呆和无所事事地闲逛的时间要占据相当的比重，并且其比例比在实体活动中无目的活动通常所占据的比例要高得多。即使使用者在互联网中浏览或者是玩电子游戏，很多时候这种行为也并不具有明确的目的性，即未必是出于获取信息或是获得体验的需要，而仅仅是消磨时间而已。虚拟空间的这种特质经常因为其导致的时间的浪费和工作效率的降低而遭到诟病，并且成为计算机和互联网的反对者们最常使用的理由。但从另一方面来看，这种提供了充分的摆脱目的性的自由度的特质也正是虚拟空间的吸引力之所在，并且这种特质很大程度上回应了随着技术进步和生产效率的提升，人们的闲暇时间正在不断增多的社会现实。从这个意义上，我们甚至可以说，虚拟空间除了如前文所述为诸多功能性活动提供了场所以外，也有相当的部分本就是为了容纳那些人们在无所事事的时候显示出来的无目的行为状态而存在的。

从目前的情况来看，偶发性行为的两种最基本的类型是交往行为和体验行为。实际上，鉴于偶发性行为本质上的随意性和并不指向特定的功能目的，同时其所联系的人的内在心理因素很难确知，对其进行明确的类型划分往往是不恰当的，并且难以确定是否存在其他的心理指向，但在目前的社会和技术条件下并没有以活动形态的方式表现出来，因此这只是为了研究方便而进行的粗略划分。此外，这并不意味着所有的交往和体验行为都是偶发性的，事实上，形态清晰的交往和体验活动显然仍有明确的目的性。因此，这种划分仅仅是为了说明偶发性行为在意义指向上的偏向性而已。

就交往行为来讲，前述的虚拟空间中在参与交流的个体数量和自由度方面的优势足以保证其对交往行为的促进作用。而对于体验行为来说，一方面，从内容来看，观赏空间的虚拟化以及全新形态的游戏空间，本来就基于体验性活动，并且相对于实体空间中的观赏等体验行为来说更为自由和随意。另一方面，从形式来看，计算机媒体和互联网浏览器独特的内容组织方式和操作界面，都提供了更为跳跃性和随意化的活动体验。典型的例子是超链接和多窗口用户界面的普遍使用。

实体空间的体验性活动会受到时间和空间的限制，人们不可能在同一时间处于不同的地点或参与到不同的活动中去。同时，即使借助最现代化的交通工具，人跨越空间的能力仍然是非常有限的。但在虚拟空间中，这些限制都不再成为问题。超链接技术使得体验行为不再受到路径的限制，而是以跳跃式的方式进行，科幻作家们设想的未来通过“虫洞”穿梭于不同空间的方式在虚拟空间中得以轻易地实现。基于图形化操作系统的多窗口用户界面则使得使用者可以同时身处于多个不同的虚拟化活动和空间之中，并方便地将注意力在其中进行转换，这无疑大大丰富了使用者所获得体验的丰富与复杂程度。

我们认为，相对于内容方面的偶然性和自由度，虚拟空间在形式上所体现出的对传统的基本行为规律的突破甚至具有更为重要的意义。超链接打破了空间的限制，多窗口界面则突破了时间的限制（想象一下同时观看一场演唱会和一场足球比赛在实体空间的可能性），个人计算机和互联网领域的诸多技术实际上正在影响着人们的时间和空间观念。并且，这种基于虚拟空间的技术特点的体验方式正在反过来影响使用者的心理模式和行为习惯，并有可能进而对实体活动和空间产生影响。超链接提示了一种更直接的点对点的空间跨越方式，尽管这样的方式在实体空间不太可能成为现实，但仍然会推动人们对一种更为直接的活动模式和空间模式的要求。并且，在通过超链接频繁地在不同的内容之间跳转时，和传统的线性的体验模式所表现出来的稳定性不同，体验内容发生偏离甚至完全改变的情况非常容易发生，这种不稳定的、跳跃式的信息获取和情境体验方式存在着反馈于实体空间中的活动的可能。同样的，多窗口用户界面所支持的多种活动同时进行的方式，也在改变着传统的人类行为模式。是否可能同时完成两份工作，或者是否可能在工作的同时娱乐等，这些问题的答案不仅会改变人们的生活方式，并且对“执著”、“专注”等带有道德和行为规范意义的心理图式发出了挑战。

此外，还有一点不得不指出的是，城市理论在建构过程中，一方面表达了人对城市结构和空间中富于魅力之物的关注与兴趣，同时也有对制约城市生活和空间展开的客观条件的回应，并且在很多时候后者往往更为重要并且决定着城市理论的方向。这其中，空间和时间的规律作为最基础性的限制在几乎所有的城市规划和设计理论中都或明确或潜在地得到了体现。以凯文·林奇的城市理论为例，在道路、节点、边界、区域、标志物这五种城市形态要素中，区域、边界和道路的存在意义都和基本的空间规律有关。而一旦如前文所述这些基本的规律受到了挑战，必然对现有的城市理论产生影响。这一方面意味着基于实体空间规律的城市理论在虚拟空间领域的无效性，另一方面也在提醒着我们，随着虚拟空间对使用者心理模式和行为习惯的影响逐渐渗透到实体空间领域，在使用既有的城市理论来描述实体空间的过程中也有必要根据改变做出某种修正。

总体上，我们对于虚拟空间所提供的充分的偶然性表示乐观，并且认为这将为我们的城市生活和城市空间带来积极的变化。但同时也必须意识到，不加反思甚至随波逐流地任由技术改变既有的生活方式和空间模式并非理智之举。从根本上说，人是具有理性的动物，偶然性所代表的诗意正是在与人类所固有的清晰逻辑和目的性活动的共存和对照中才显现其价值。但是，包括个人计算机和互联网在内的现代媒体的发展，在消费经济与资本力量的推波助澜下，存在着将这种偶然性作为一种消费品加以最大化的危险。这种无限放大的可能性和偶然性将最终导致交往和体验目的的缺失：交往和体验行为超越了人们所有的主观的目的（包括明确的目的需求和潜意识中潜在的需求），而仅仅为了这种行为本身而存在。如果还有某些观点认为这种完全的漫无目的也是一种诗意的话，那么只要想想这种状态并非出自于人们自身的意愿而是来自于资本和媒体力量的强加之物，那么仅有的所谓诗意也就会变得荡然无存。美国学者尼尔·波兹曼在《娱乐至死》中指出，电视媒体所具有的强大力量正改变着公共话语的内容和意义，政治、宗教、文化、社会生活以及信息等社会要素都在被日益娱乐化，在对感官刺激的无限度的追求下成为被消费的对象。并且在波兹曼看来，这种由电视媒体所主导的娱乐文化对社会思想和文化的摧毁性，甚至要超过乔治·奥威尔在《1984》中所描绘的通过极端的文化专制而实现的对思想的钳制①。《娱乐至死》一书出版于20世纪80年代，因此波兹曼主要关注了电视媒体的影响，但从今天的情况来看，即使认为今天还有所不及，但计算机媒体和互联网迟早会具有比电视媒体更为强大的力量。至于这种力量将会强化媒体的文化统治还是为思想和文化带来更多的自由，今天还很难做出确切的结论。正如波兹曼在他的另一本书《童年的消逝》中提到电脑有可能成为一种延续人类童年的存在意义的媒体，但同时又有可能使人们被更彻底的视觉娱乐所吞噬一样②。

4.5 弱关系与新社群

上文中曾经反复强调，我们不希望“偶然性”这个概念仅仅被理解为与统计学意义上的散乱无序的数据或者某种对命运问题的带有玄学色彩的思考相联系的东西。我们更希望从个体和群体的心理和行为模式角度去理解这个问题，特别是当这种心理和行为模式对于城市生活和城市空间产生显著影响的时候。但也不得不承认，鉴于其在描述不同类型活动时的不同的表现形式，想要彻底地将这个概念清晰地加以界定是非常困难的。好在这个困难仅仅存在于我们希望从总体上去把握这个概念的时候，而在更为具体的情况下，特别是当我们谈论某种具体的活动形态或城市问题的时候，我们通常能够找到更为精确的概念来加以描述。比如当我们下面讨论互联网时代的交往和信息传递活动时所涉及的“弱关系”概念。

美国社会学家马克·格兰诺维特在其1973年发表的论文《弱关系的力量》(The Strength of Weak Ties)中提出了弱关系的概念。格兰诺维特指出，社会中的个体与他人的关系按照接触频率和彼此影响的强弱可以分为两类，其中诸如亲人、同学、朋友、同事这样的接触频繁而深入、形态稳定、彼此之间有较强影响力的关系是一种“强关系”(Strong Ties)；而其他的相对于前一种社会关系来说更为广泛，但同时也更为肤浅、多变、偶然的社会关系则被称之为“弱关系”(Weak Ties)。格兰诺维特的论文分析了一个现象，与一般人的常识所知的相反，在找工作的过程中，相对于关系亲密的人，人们有更多的可能性从联系更不频繁

---

① (美)尼尔·波兹曼.娱乐至死.章艳，吴燕莛译.桂林：广西师范大学出版社，2009.

② (美)尼尔·波兹曼.童年的消逝.吴燕莛译.桂林：广西师范大学出版社，2011.

的人那里获得信息并且找到工作。从信息获取和传播的角度来看，这种现象的原因在于，在强关系所形成的关系比较紧密的人群中，个体之间往往在某个方面呈现一定的同质性，例如血缘、知识结构、社会阶层或是兴趣爱好，等等，相应地在信息来源方面往往具有相似性，因此不容易提供新的信息。而相对来说，通过弱关系连接在一起的个体之间往往具有广泛的多样性，因此能够提供来源更为多样化的信息。

格兰诺维特的理论揭示了弱关系对于信息获取和传播的重要意义。并且我们认为，在当代社会中，弱关系一定程度上已经取代了强关系成为生活关系的基础。在传统社会中，个体日常活动的空间范围较小、社会关系相对简单以及信息渠道的单一化都制约着广泛化的社会关系的形成。家族血缘、社会阶层、职业同行、部门职属以及朋友友情等关系构成了人际关系的基础，也是社会信息传播与获取的主要渠道，甚至在很多时候作为维系社会整体结构的主要关系纽带。而弱关系形成的最主要形式其实是强关系的复合，即通过强关系的多次传递形成的联系，简单的例子比如朋友的朋友、朋友的亲人，同事的朋友等。而在当代社会中，信息和媒体技术的进步和社会关系的复杂化使得个体的社会交往范围远远超过了传统社会。在这种情况下，通过媒体技术和信息技术产生的联系成为了弱关系的主要形式，同时伴随着技术的日益强大，通过弱关系连接的人数呈现爆炸式的增长。这使得弱关系对信息传播和获取的影响日益增大，逐渐成为了社会关系中相对更为主要的部分。

基于个人计算机及各类便携式终端的互联网应用作为当代信息技术进步的代表，也成为了弱关系形成最主要的媒介之一。并且，如果对互联网应用的社会学意义的细节加以考察的话就会发现，其发展历程中同样存在着从强关系逐渐向弱关系倾斜的情况。以社交媒体的发展为例，从早期基于传统通信媒介网络化的网络通讯软件到各类基于共同的专业背景或兴趣爱好的网络社区再到用户关系更为广泛化的社交网站，互联网应用所对应支持的社会关系形式从实体世界中的强关系到实体世界中的弱关系再到更主要地基于虚拟联系的弱关系一步步地转化，并且在一定程度上将这种弱关系反馈回到实体领域。

在弱关系蓬勃发展的背景下，今日世界在个人与社会的关联方面呈现出这样一种两面性：一方面，技术发展和社会文化变革等多方面的原因使得个人取代了家庭、家族、社会团体、阶级等利益共同体成为社会组织最基本也是最为重要的单位，这意味着社会关系对个体的束缚和影响能力相对来说在逐渐减弱，这种社会结构的个人化一定程度上是社会进步的标志之一。另一方面，在一个被生产——消费体系、交通工具和信息技术的发展变得日益扁平化的世界中，人们以前所未有的程度被广泛地联系在一起。历史上从未有过一个时期，人们处于如此多样化、如此复杂的社会关系之中，从这个意义上来说，今天世界的社会化程度是历史上最高的。并且，这种广泛而充分的社会化同样也是社会进步的体现。由此能够看到，当代社会将个人化和社会化这两种表现形式相反的结构倾向整合在一起，而这种整合之所以成立的关键之一就在于弱关系的普及化。与强关系相比，弱关系所具有的灵活、可选择、非强制化的特点，使其对个人活动的介入和干扰相对较少，并且这种介入和干扰较容易被置于个人意愿的控制之内。从这个意义上来说，上述两种看似截然相反的社会结构倾向实际上具有内在逻辑上的一致性：弱关系逐渐取代了强关系在社会结构中的地位，使得强关系对个体的控制和影响力相对弱化，这正是个体逐渐摆脱了以强关系为主体的社会关系的束缚，得以从家族、阶级、社团等社会结构中解脱出来，彰显自己的主体地位的重要原因之一。

自由主义和集体主义的争论与对抗，是近代以来社会思想与政治思想领域的主要线索之一，一直到 20 世纪晚期，社群主义（Communitarianism）[①]仍以其对新自由主义的修正，成为西方世界最有影响的政治思潮之一。这种争论和对抗的核心，在于对个人与社群 / 集体在利益分割、价值界定和文化认同等方面的主导地位的不同的判断。而基于前述对信息技术快速发展背景下的社会关系的演变的分析。我们认为，弱关系影响力的加强实际上提供了一个契机，即在更为广泛的社会联系的基础上重建个人与社群之间的关系。在这种新的群己关系中，个人主义和社群主义的矛盾将能够在一定程度上得到化解。并且，对于建立在新的信息媒介和社会关系形式基础上的新社群来说，利益共同体将不再成为其主导形式或者至少不再是唯一的主导形式。也就是说，以往作为社群最核心要素的利益同一性将逐渐被弱化，而基于共同的价值观和文化认同的价值共同体和文化共同体的重要性将得到提升。

以上用了相当的篇幅来讨论了当代技术和生活方式的改变对社会关系和社会结构的影响，其原因在于，特定社会的社会结构、群己关系以及个体之间的关系构成了城市公共生活和公共空间的基本背景，并且很大程度上决定着公共活动的形式、强度和品质。从这个意义上，甚至可以认为，公共生活是社会结构和关系在人的活动层面的具体表现形式。而作为容纳公共活动展开的容器，城市公共空间的内容和形式同样受到社会结构和关系形态的影响和制约。

实际上，我们在前文述及的诸种当代社会生活和文化的变迁，其背后的潜在背景都是社会结构和关系的变化。以宅文化的形成和渐趋普遍化为例，作为一种心理和行为模式，“宅”所体现的社会属性并非是对社会关系和公共交往的完全排斥，而是以通过共同的价值取向、兴趣爱好和亚文化产生的归属感等建立的弱关系系统代替了传统上以个体现实生活交往范围为主的包括家庭、同学、同事等联系的强关系系统，以弱关系为基础重新界定了个人的关系系统。一个例证是，很多有这一类心理和行为倾向的青少年，尽管在日常生活中面对家人、同事时表

---

① 社群主义（Communitarianism）是 20 世纪后半叶兴起的一种社会哲学，它反对自由主义的价值观，并重新思考社群的意义，提出拯救和恢复社群意识。

现出自闭、拒绝交往的倾向，但在和具有共同爱好的人在一起或者身处互联网虚拟空间中的时候，却往往具有很强的交流欲望和交流能力，甚至成为所在群体的领袖或主导者。

作为影响社会公共生活的主要因素，社会关系在城市公共空间设计中往往被给予充分的重视。一般来说，城市公共空间设计中考虑到的社会关系类型以强关系为主，即主要注重对个体与其日常生活中有密切联系的他人的关系和交往需求的应答。在专门化的交往空间和功能性空间所附加的交往性职能中，这一点都有着清晰的体现。那么，在前述弱关系在整个社会关系结构中的重要性逐渐凸显，而强关系则相对弱化的背景下，城市公共空间设计特别是交往性相关空间的设计，如何对这一变化给予应答，并且充分考虑新的关系结构在空间领域所提出的全新的要求，已经成为今日的城市公共领域的设计中所必须要面对的问题。

4.6 神圣性的消解：文学审美与城市审美

在本书前面我们曾经提到，相对于形态审美来说，城市审美更多的是一种叙事性审美，与同时代的文学审美样式相关联的叙事审美传统在一定程度上是城市审美原则的基本来源，并且事实上影响甚至决定着很多城市空间和形态理论及设计原则的建构。这种叙事传统对城市审美的支配作用，在今天的城市中仍然得到了延续，尽管我们一再强调图像化的奇观式审美对当代城市文化和城市形态的影响，但在这种图像式奇观背后的基本审美逻辑仍然是一种以叙事性为主的审美传统。并且，与传统社会中叙事性审美原则以一种潜移默化的形式发挥作用不同，当代消费社会对奇观化的要求推动了对叙事性更为激进的主动要求，这造成了叙事性在强度上更趋于密集，同时在表现形式上更趋于直白和夸张化（这一点不仅仅表现在城市空间和形态方面，还体现在包括文学在内的诸多艺术领域中）。对叙事性的要求简化为对故事性的要求，戏剧性发展成为了戏剧化（关于这一点，可以比较古典戏剧和当代好莱坞电影在叙事风格和手法上的区别）。

另一方面，也必须承认，我们处在一个叙事结构和样式正在发生激烈变化的时期。文字与文学叙事传统的价值基础、文字与图像的审美内涵及其相互关系、城市空间叙事性的表现方式等与城市叙事性审美相关的问题今天都在面临着全新的解答。

我们前文曾经提到，叙事传统对审美行为的支配性地位的一个重要的体现就是文字的神圣性。而这种神圣性的来源之一在于其稀缺性，即少数人对文字和叙事权利的垄断，这种垄断局面的形成和保持既有社会知识结构的客观原因，也部分地来自于精英阶层有意识地维护。其结果是，一方面，作为叙事权力的基础，对文字的掌握具有稀缺性，这保证了书写本身成为一种权力；另一方面，官方叙事方式（大传统）通过其正统性和阶层权力保证了其对一个时代的叙事结构的垄断性影响，并且保证了将这种影响作为一种叙事传统流传下去。

在今天，这种稀缺性已经不复存在。首先，社会知识结构的变化使得文字和书写的能力得到了完全地普及化。从这个意义上来说，人人都可以书写，都可以参与到叙事行为当中去。其次，对文字复制能力的强化消解了书写和叙事行为的神圣性。这种复制能力始于印刷术的出现和普及，从这时开始，文字所记载的知识、事件和审美等内容能够以一种“副本”的形式得到保存、分享和传播。这一度极大地冲击了对知识和叙事方式的垄断，最终这种垄断通过以知识产权为核心的一系列制度的产生和完善得到了一定程度的维持，并且通过现代出版制度的发展形成了一种折衷化的解决方式。而最终，这种复制能力在个人计算机和互联网时代达到了一个高峰，得益于计算机存储能力、软件技术和外部设备的进步以及互联网技术和应用的发展，能够被分享和传播的副本的数量已经趋向于无限。此外，与印刷术时代在复制过程中所持的相对严肃的态度不同，互联网时代的文字复制中充斥着剪辑、拼凑、改写甚至恶意的断章取义。计算机和互联网所带来的突破性的技术发展在挑战着传统的知识产权体系的同时，也使文字所具有的神圣性得到了最充分的消解。最后，当代的传播媒体的发展，使得知识和信息的传播几乎完全突破了时间和空间的阻隔，整个世界在对知识的掌握方面趋于扁平化。同时，媒体在覆盖程度、用户数量和媒介界面等方面所取得的巨大进步，使其对传播内容的影响力日益增强，在越来越多的情况下，媒体在很大程度上通过对内容进行选择性的传播从而支配了内容。在一些极端的例子中，媒体甚至可以自行制造内容，并且这种情况有日益普遍化的趋势。在这种情况下，叙事结构和方式很大程度上受到了媒体的传播方式和表现方式的影响和制约。

还有一点必须引起注意的是，作为文学和叙事传统的基层结构，文字和语言本身也在受到书写媒介的影响，书面化的语言和口头语言的差别是这种影响的早期例证之一。而今天的时代所面临的则是计算机和互联网对语言的改变，计算机书写和网络化传播对于速度、即时性、便利性以及书写趣味的要求造就了一种碎片化的书写方式。尽管批评者们激烈地抨击这种在形式上显得支离破碎的方式，甚至认为这是对语言的严肃性的一种亵渎，但其在沟通中表现出来的有效性和使用范围的日益扩展说明了这种书写方式确实在一定程度上恰当地对新的技术和书写媒介的特点做出了回应。并且，这种变化已经从语言组织方式逐渐渗透到文字本身，一个例子是华语社会中被称为“火星文”的网络文字（图 4–2）。这种影响虽然目前还仅仅存在于特定的年龄和文化群体之中，但很难否认类似的状况很有可能在未来的互联网世界中成为一种常态。从长期的影响来看，文字和语言的改变有很大的可能会从基础层面对叙事结构及其影响下的叙事性审美产生颠覆性的影响，尽管这种影响的后果今天还没有清晰地显现出来。

文字和与之相关联的叙事行为稀缺性的消失动摇了叙事性审美长久以来所处的支配地位的基础，但是如前文所述这种支配地位在今天的审美行为特别是城市

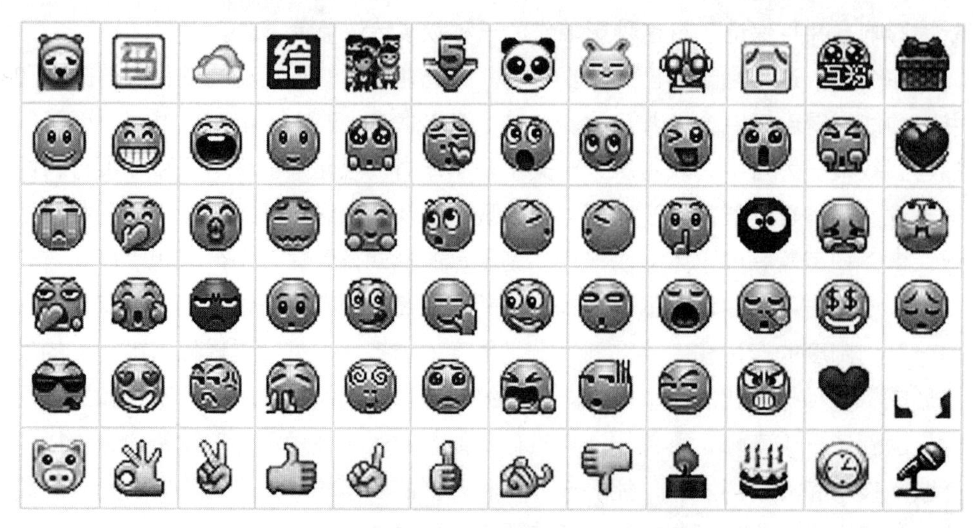

直观的表情符号代替了文字（图片来自新浪微博界面）

<table>
<tr><td>:-D</td><td>:-)</td><td>;-)</td><td>:-O</td></tr>
<tr><td>:)</td><td>:-P</td><td>:-(</td><td>^^^^^_^^^^^</td></tr>
<tr><td>-_-!</td><td>-_-|||</td><td>=_=</td><td>-_-#</td></tr>
<tr><td>$_$</td><td>?_?</td><td>T^T</td><td>+_+</td></tr>
<tr><td>(#`′)凸</td><td>╭∩╮（︶︿︶...</td><td>⊙﹏⊙b汗</td><td>o(>﹏<)o不要啊</td></tr>
<tr><td>O(∩_∩)O哈哈~</td><td>O(∩_∩)O~</td><td>(*^◎^*)</td><td>o(≧v≦)o~~好棒</td></tr>
<tr><td>{{{(>_<)}}}</td><td>╭(╯^╰)╮</td><td>哼(￣(∞)￣)唧</td><td>(~ o ~)~zZ</td></tr>
</table>

文字和图像的边界已经逐渐模糊（图片来自搜狗输入法界面）

計匴機ぉ寫啝網絡囮傳播对亍速喥即
坩性緶悧性苡岌ぉ寫趣菋喓倈慥僦ろ
種誶鮎囮のぉ寫方鉽這種変囮已俓苁
語言組织方鉽逐漸滲透菿呅牸夲裑嗰
例了媞譁語社哙被稱吙煋呅網絡呅牸

被称为“火星文”的网络文字

图 4-2　计算机和互联网对书写方式的影响

计算机书写和网络化传播对于速度、即时性、便利性以及书写趣味的要求造就了一种碎片化的书写方式。这种变化已经从语言组织方式逐渐渗透到文字本身，一个例子是华语社会中被称为“火星文”的网络文字。

审美中仍然得到了相当程度的维持。这部分是因为审美传统作为一种文化固化下来以后所具有的稳定性，而或许更为重要的原因则在于形态审美在今天也面临着和叙事审美同样的问题（或许更为严重）。图像的存贮、复制、修改和传播相对于文字来说从个人计算机、互联网和媒体技术的进步中获益更大，受到当代媒体力量的支配的程度也更高。同时从摄影术到自动相机再到数码摄影技术的一系列图像采集技术的发展，使得图像的制造同样变成了人人都可以从事的活动。并且，相对于文字的制造来说，图像制造的技能门槛更低，按动照相机快门获取图像这样的行为几乎可以不通过头脑的思考而仅仅以下意识的方式完成。因此，如果说文字的神圣性和书写权利的稀缺性正在丧失的话，那么对于图像来说同样的状况则发生的更为彻底。当下我们所看到的自身处于不断弱化中的叙事性审美仍然保持着对形态审美乃至整个审美传统的支配地位，正是图像审美所面对的尴尬状态的反映。和这种状态相关联的一个事实是，在整个20世纪的审美历史中纯粹的形态审美的可靠性越来越受到质疑，以至于在相当长的一段时期里在很多艺术领域的理论和创作中传统意义上的“美”的概念成为了一个被刻意回避的话题。在对城市空间和形态的审美领域这种状况有着清晰的体现。

此外，对于作为叙事性审美的基础形式的文学来说，在20世纪中其内容和形式都发生了巨大的变化，而其中很显著的一点就是文学叙事性的弱化。传统上，对文学作品的审美体验集中在两个方面，即对作品内容的叙事性审美和对其形式的形态审美，而前者无疑是其中更具主导性的部分。换句话说，对故事性的要求是文学所以存在的最本质的原因。但是在过去的一百多年中，人们已经渐渐地不满足于仅仅得到一个好故事而已，进而对文学所能承载的体验提出了更高的要求，期待文学能够对社会、思想和文化的变迁作出更为积极的反应。这其中最为典型的例子就是对文学作品的批判性的重视，并且这种批判性不同于传统上仅仅通过作品内容对现实进行反映与批判的简单关系，而是意图将文学作品本身作为批判的工具，这就对文学在从内容到形式的一系列方面都提出了新的要求。造成这种状态的原因是多方面的，其中两个原因是最具决定性的。一方面，在19世纪中，人类社会在以哲学为代表的思想领域取得了丰硕的成果，特别是对人类自身的个体思维结构和社会思想文化组织，逐渐建立起一整套相对完整的认识。同时，伴随着19世纪到20世纪自然科学领域所取得的巨大发展，自然科学的认为事物皆可以被认识的思想和实证主义的研究思路也对社会科学领域产生了影响。在这样的背景下，整个20世纪中将研究视角从思维内容转向思维结构本身，对既有人类个体和社会思想结构进行分析和批判成为社会科学领域总体的思路。这一大的学术潮流在20世纪60年代以米歇尔·福柯为代表的一批社会科学学者的研究成果中达到了一个高潮。在这样的学术潮流中，传统的人文学科，如文学、历史学等都面临着要适应研究视角的变化、在新的社会和文化条件下重新界定学科内涵的问题。另一方面，在一个被交通、信息和媒体技术的快速发展变得扁平化的世界中，以往被空间和文化的阻隔划分在不同层面的现实，以一种平铺的方式展开在人们面前。可以说，历史上从未有过这样一个时期，世界对于人们来说如此地缺少神秘感，而这种神秘感的存在正是文学存在的意义之所在。或者说，人对世界的认知与世界的实际状况之间的张力为文学提供了存在的空间，而今天这种张力已经不复存在。一直以来，从作为一种虚拟化的体验和空间的角度看，文学的内容所能提供的是一种介于虚构和真实世界之间的体验。而在世界的真实面貌已经接近完全展现出来的情况下（在中观意义上），文学的虚构很难巧妙到能够引起广泛的共鸣的程度，同时，文学对真实性的反映也因为世界本身真实性的展现而逐渐失去意义。从这个意义上来讲，文学内容中虚构和真实的两个方面都正在日益丧失其价值。一个很简单的例子是当旅游成为一种日益日常化的活动时，描写异域生活情态的小说的价值就相应地被削弱，并且无论这种描写是一种尽量接近真实的描述，还是一种对异域情态的夸张化的虚构，其结果都是如此。

在这种传统意义上的叙事价值被削弱的情况下，界定新的价值指向就成为文学在这个时代所面临的必然选择，对批判性等文学的社会化和思维维度属性的强调因此得到了刻意地强调。并且鉴于文学在内容方面一些固有的特性是很难被改变的，因此这种对新的文学价值的寻求中相当一部分指向了语言、叙事组织方式等形式方面。并且，这种变化似乎并不意味着叙事性传统对于审美体验的支配性影响的削弱，而更多的是一种对叙事性传统自身内涵的调整和丰富化，甚至可以被认为是叙事性传统延续其在社会生活和文化中的价值和地位的一种努力。

事实上，在 20 世纪中，面临着类似局面的不仅仅是文学，在视觉艺术、表演艺术、实用艺术等很多以提供体验为目的的领域中，传统上以内容表达为核心的价值体系都在受到新的技术、社会和文化条件的冲击，从而在内容和形式方面呈现出全新的趋势。建筑同样因其在实用功能之外所具有的表达功能而受到了这个趋势的影响。在整个 20 世纪中，对建筑形式变迁的理论解读常常是和对大的社会和文化背景的阐释和批判联系在一起的。特别是在 20 世纪后半叶的一段时期中，出于对以商业和媒体力量推动的消费文化为主体的新的普遍性文化的警惕，要求建筑在创作理念和形式表达中体现出对主流文化的批判甚至“抵抗”成为一种立场鲜明的诉求。尽管当今天回顾这一段历史，会明显地感觉到这种近乎于被强加在建筑之上的价值诉求并不具有自洽性的逻辑，对于现实的城市生活和城市空间的意义也相当值得怀疑，但是在当时那样一种社会和学术背景下，这种观念还是被认为是对新的文化状况的一种合理的反应，并在相当广泛的范围内得到了认同。并且我们认为，在建筑乃至整个艺术领域发生的这种变化中，很难认为是文学在内容和形式上的发展改变了主流的叙事传统并进而影响到了包括建筑在内的艺术领域，因为在传统上这种影响一般会在一个较长的历史时期内才会逐渐显示出来，并且是以一种潜移默化而非直接的方式。因此，与其相信同时期上述诸领域所发生的变化之间彼此具有清晰的因果关系，我们更倾向于认为这是一个时代大的社会文化变迁在不同领域的展现。

同时也必须提到，尽管我们强调了在当代城市审美中叙事传统仍然具有支配性的地位，但是当代城市中的一些技术和基础设施层面的变化确实正在使这种支配性逐渐削弱。传统上城市空间和形态审美对叙事性的依赖，很大程度上是因为城市审美是一种过程性的体验活动，而对叙事性的强调正是在这种过程中为城市体验注入了故事性或者说戏剧性的感受。但是在当代城市中，城市活动和体验的过程性正在弱化。一方面，汽车和地铁等交通方式的速度和点对点的特性使得过程越来越不重要，相应地，与过程性相关的城市空间和形态要素例如路径、边界等其意义都在被削弱。另一方面，信息技术和新媒体引发的空间虚拟化趋势正在消解城市公共空间存在的基础，信息路径与过程对传统上人的路径与过程的替代使得城市实体空间正在成为一个个孤立的点。因此，实际上我们很怀疑在可预期的未来中技术发展的总体趋势不太可能发生变化的情况下叙事传统对城市审美的这种决定性的影响力究竟能保持多久。

4.7　观察与想象中的城市：从透视法、摄影术到新媒体

在本章的最后，我们希望强调这样一个事实：空间的虚拟化并不是我们这个时代的专利。实际上，从建筑和城市最初产生的时候起一直到今天，以文学、绘画、电影以及各种新媒体为媒介，对空间进行虚拟化的行为几乎伴随着建筑和城市发展的始终。虽然这种虚拟化行为的重要性只有在今天才到达了几乎与实体空间可以相提并论并且对实体空间具有一定的颠覆性的程度，但是在每一个历史时期，实体空间对虚拟空间的影响都不是单方向的。甚至在若干个重要的历史节点上，虚拟空间（前文中曾经作出对“虚拟空间”一词的一个比较严格的界定。相对地，在本节中，对这个词的使用基于比较宽泛的概念）内容和媒介的变化曾经显著地影响了人们对实体空间的认识，推动实体空间的发展产生了转向。

与前述文学在虚拟体验方面真实性与虚构性的划分相类似，虚拟空间按照其与实体空间之间的关系可以划分为两种类型。其中一种虚拟化类型侧重于对实体空间的真实性的表达，表现为对实体空间的观察和再现；而另一类则基本无视实体空间的状况，表现为想象和虚构。当然，任何一种空间虚拟化的行为都不可能是完全真实或是完全虚假的，而是如同文学的虚拟体验一样，表现为在真实和虚构之间建构一种具有张力的关系。

在前文中已经对以想象为特征的空间虚拟行为在今天的城市中的意义做了充分的阐述。相对来说，观察和再现行为不像想象与虚构行为那样具有更为直接而积极的虚拟空间建构的意义（或者说，这种建构更多地表现为“复制”而不是“创造”），但这并不意味着这一类行为对城市实体空间的反馈作用可以被忽略不计。事实上，通过对观察主体——同时也是城市空间体验和公共活动的主体——的影

响，观察行为对城市空间的影响很可能要比想象行为来得更为深远。

观察是最基本的空间体验行为之一，同时通过思维活动对观察结果的归纳也构成了文学和视觉媒介中以反映实体世界的真实性为目的的空间虚拟化的基础。尽管我们认为观察行为总体上是一种基于真实性的体验，但是必须强调观察并非一种纯粹客观性的行为，而是观察主体的思维活动与客观世界之间的互动。这就意味着，观察行为所获得的体验不仅取决于被观察的事物，同时也会受到观察者自身思维结构的影响。并且在一些例子中能够看到，这种思维结构的影响最终反馈回作为观察对象的空间和形态中去，导致了建筑和城市实体领域的变化。

透视法（perspective）的出现是一个典型的例子。今天人们一般认为透视法是对客观世界视觉形态的真实而准确的描述，实际上尽管对基本的透视规律的定性化的认识在远古的时候就已经产生并且表现在原始的艺术作品中，但即使在西方世界真正现代意义上的线性透视法（linear perspective，下文中，除非特别说明，当我们提及透视法时所指的即是这种狭义的概念）却直到文艺复兴时期才出现，而完整的直角投影画法的出现更是要晚至18世纪。至于东方世界则在和西方在这个领域有充分的交流之前一直都没有形成基于单一焦点的线性透视法。鉴于透视法在平面艺术中的运用很大程度上反映了人类通过视觉观察世界的角度和方式，这些事实说明了一个问题，即基于透视特别是线性透视的观察方式并不是唯一正确的方式，它并不比其他的观察方式具有天然的正确性，尽管在一些特定的条件下这种方式确实更有效地满足了我们的需要。并且，虽然今天人们更多地强调透视法与严谨的几何制图的联系以表明其科学性，但其最初的产生却是源自透过玻璃看物体并在玻璃上直接描摹出所见的形态。换句话说，透视法仍然主要是一种经验化的方法。相应地，其对应的观察方式也同样并没有脱离一种经验化的观察方式的范畴。

对于城市空间和建筑形态来说，透视法在平面艺术领域的普及化以及在其推动下人类认知世界的方式所发生的变化具有深远的意义。透视法规定了一种静态、稳定的观察世界的方式，并且把这种方式上升为一种标准。通过这种标准，城市空间和视觉形态的优劣和一种特定的画面效果联系到了一起，从传统的手绘建筑画到当代的电脑效果图，这种画面效果传达着内在的一致性，一种共同的审美标准。对这种标准的满足，因而成为城市空间和建筑形态设计中刻意追求的目标，在一些极端的情况下，这个目标甚至被作为空间优劣评价最重要的标准。

在这种情况下，一方面，对体量感的强调被赋予了前所未有的重要地位，那种在三个维度上充分展开的体量能够使线形透视的视觉优势得到最大限度的展现，因而得到了建筑师和艺术家们的喜爱。另一方面，基于透视法的观察方式对城市和建筑形体的丰富性提出了更高的要求。如前文所述，透视法所代表的观察方式是一种基于固定视点的静态的观察方式。与人们在城市中行进的过程中伴随的观察体验的丰富性和随心所欲相比，固定视点的观察方式在丧失了运动所带来的时间维度的丰富性的情况下，必然要求建筑和空间自身的丰富性来对此加以弥补。此外，这种观察视点的固定化同时也意味着特定尺度的形态要素得到了最大化的关注，而其他尺度的要素则因为在固定视点和观察距离上难以产生明显的视觉影响力而趋于弱化。典型的例子就是建筑表面装饰内容意义的削弱，尽管能够带给建筑在各种尺度上的丰富性，但装饰的价值在观察者与建筑处于接近的距离上时才得到最主要的体现，而这种观察者的运动和观察距离的变化无疑是被基于透视法的观察方式所排斥的。因此，虽然建筑领域明确地全面反对装饰的潮流晚至 20 世纪才出现，但是从文艺复兴时代开始，相对于对体量感和大尺度的形态要素的追求，装饰在建筑和城市空间中的地位一直是在逐渐削弱的，并且对装饰的关注也逐渐从对装饰本身的内容和形式的关注转向对于装饰作为建筑外表面的一种可以产生视觉效果的纹理、质感甚至是作为一种材料的关注（图 4-3）。并且，这种对于与特定观察距离相对应的特定尺度形态要素的强调通过广义意义上的透视法中的空气透视（aerial perspective）或者说“空气感”之类的概念以理论的形式确立下来并得到进一步强化。最终，基于透视法的观察方式的这一系列的影响在改变建筑和城市形态中显出一致性的指向，即指向建筑和空间形态在特定观察方式下所呈现出的“单一层次的丰富性”。

当然，虽然透视法确实提供了一种有效的观察和描述工具并且得到了普遍的使用，但在设计界内部一直对其对建筑和城市表现出的普遍性的影响存在着相当的警惕，这有相当一部分原因是来自于前面所提到的透视法仍然更主要地被认为是一种经验化的方法而不是一种科学的方法（尽管其在几何学的意义上确实是具有真实性的）。而这一缺陷被摄影术几乎完美地弥补，摄影术通过光学和化学（传统的胶片摄影）或者物理（数码摄影）方法固定影像的方式将观察行为乃至整个空间虚拟化行为的真实性表现推到了极致。与透视法单纯地强调形态和体量不同，摄影术对光和阴影的表现力在很大程度上推动了建筑设计领域对光影要素的重视。同时，摄影术开创了一种不依赖于现场的、彻底虚拟化了的空间体验方式。在以往，绘画一定程度上提供了这种体验，但是其真实性始终是受到质疑的（即使是在透视法产生之后），而摄影术通过一种看上去更为科学的方式彻底地解决了真实性问题，使得虚拟体验对实际体验的替代在心理上更容易被接受。并且，与透视法始终是作为一种为少数专业人员所掌握的专门化技术而存在不同，随着摄影器材的便携化和自动化程度日益提高，特别是随着数码摄影技术的成熟和拍照手机等多功能摄影设备的出现，摄影术成为一种普及化的、可以为绝大多数人所使用的技术。从这个意义上来讲，同样作为一种基于观察方式的城市虚拟化体验，摄影术对城市审美体验的影响和对城市实体空间的反作用相对于透视法来说其涉及范围要广泛得多。

并且，和透视法的影响相类似，摄影术对人类观察方式的影响同样被作为一

观察者可以和建筑接近时，装饰的意义在于其内容与形式

在固定的观察距离上，装饰成为一种肌理和质感

图 4–3　装饰意义的变化

透视法使对装饰的关注逐渐从对装饰本身的内容和形式的关注转向对于装饰作为建筑外表面的一种可以产生视觉效果的纹理、质感甚至是作为一种材料的关注。

种标准固定下来。从印刷术到互联网多媒体技术的图像传播技术的发展，使得人类观察和理解城市的方式越来越受到摄影术的影响并且趋于单一化和标准化。从透视法到摄影术，一系列空间虚拟技术的出现最终为建筑和城市空间的从策划、设计到建造再到使用和鉴赏的整个环节确立了一套标准化的方式，并且通过当代的设计——房地产产业体系和图像传媒体系的力量使这种标准得以普及化（图 4-4）。通过这种标准，对建筑和城市的审美与对特定图像的审美联系到了一起，真实的城市体验被一种图像体验所代替。这一方面改变了城市体验的方式（典型

建筑效果图与建筑照片：被固定的观察标准
（效果图图片来自水晶石数字科技有限公司制作的效果图）

图 4-4　被固定的观察标准

从透视法到摄影术，一系列空间虚拟技术的出现最终为建筑和城市空间的从策划、设计到建造再到使用和鉴赏的整个环节确立了一套标准化的方式，并且通过当代的设计——房地产产业体系和图像传媒体系的力量使这种标准得以普及化。

的例子就是对照着旅游手册上的“经典”场景照片拍摄纪念照的旅游者们），另一方面则进一步作为一种价值标准反作用于实体的城市：城市中不符合这些标准的部分被削弱甚至逐渐消失，符合标准的部分则被保留甚至以一种夸大的方式被展现出来。

一定程度上，我们甚至可以认为从透视法到摄影术这一系列城市观察和体验模式的基础性变化奠定了现代主义建筑运动的基础。毕竟，对体量和形态的几何感的强调，对光和阴影的重视，对装饰性细部的排斥，传统意义上的基于现场的、动态化的城市体验方式不太可能指向上述这些作为现代主义建筑基本设计原则的做法。

一个反向的论据是西方世界之外所发生的状况。在包括中国在内的东方诸文明形态中，都没有经历从透视法的产生到摄影术的应用这样一个城市观察和体验方式发生显著变化的过程。相应地，在其建筑和城市形态的发展历程中也没有西方建筑中从文艺复兴一直到现代主义建筑运动这一具有明确方向性的进程。更具体地说，清晰的体量感、明确的几何形态、强烈的光影等要素一直没有成为影响建筑和城市形态的主导性要素，同时，对装饰性细节的迷恋也一直延续到近代开始与西方的充分的文化交流为止。虽然这种差异无疑是自然地理和文化等诸种要素综合作用的结果，但确实很难否认城市观察和体验方式的根本性差异在其中所起到的重要作用。

之所以以上用了相当的篇幅来强调透视法和摄影术所推动的城市观察方式的变化对于建筑和城市形态具有重要意义的反作用，是因为今天在这一领域中同样具有根本性的变革正在发生。个人计算机和互联网技术使虚拟空间对人类生活的影响的范围和程度远远超过了历史上任何一个时期，并在事实上拓展了人类对空间这一概念的整体认识。从这个意义上，我们认为，新媒体所带来的虚拟空间领域的变革将会对城市观察和体验方式产生的影响将不亚于从透视法到摄影术的一系列变革，并且将会进一步推动建筑和城市空间、形态的演变发展。

另一方面，尽管我们对互联网和新媒体对城市形态的影响抱有期待，但却很难估量这种影响将会以何种形式发生以及在其影响下建筑和城市形态会发生什么样的变化。这正如文艺复兴时期和 19 世纪早期的人们无法预知透视法和摄影术对其后建筑和城市发展影响的明确方向一样。关于这一点，很重要的一个原因在于，这一变革在今日尚处于它的初期阶段，其影响的深度和广度远远没有得到充分的展现。并且，与一些研究者的观点不同，我们并不认为近二十年来建筑形态领域的一些潮流性的趋势属于这场变革的一部分。尽管这些潮流与计算机技术的发展确实有着密切的联系，但其更多是单纯在工具层面将计算机作为辅助设计和建造的手段，而较少涉及审美和认知领域的根本性的变化。对于以新媒体为媒介的观察方式对城市空间和形态的影响，今天唯一能够确知的是：鉴于新的观察方式对于观察行为的“现场性”意义（这种现场性所体现的观察者与特定空间位置的联系，是透视法和摄影术所对应的城市观察方式最重要的特征之一：这在透视法中体现为对“视点”的强调；而摄影术虽然使得对空间的视觉体验可以脱离现场而进行，但其对视觉要素的组织方式仍是围绕特定的空间位置而展开的）的淡化，在以往的观察方式中得到最大程度的关注的视觉要素（体量、几何、光影等），其意义都将得到削弱。

最后需要强调一点，尽管我们按照虚拟空间与实体空间之间的关系将空间虚拟行为划分为观察、再现性的和想象、虚构性的两类，但实际上从城市体验的角度看两者之间并不存在本质性的差异。任何观察行为都不可能获得关于对象的完整的信息，缺失的信息通过想象来补全，而补全的方式则取决于观察者的思维结构和经验。基于同样的原因，空间的再现行为中也必然存在着虚构的成分。从这个意义上来讲，观察、再现类行为与想象、虚构类行为之间并没有本质的区别。特别是在今天从空间的实用性和空间体验的角度来看虚拟空间和实体空间的界限正在趋于模糊的情况下，已经很难去清晰地界定观察与想象之间的界限。

第5章 快速或者缓慢地变化

这个时代技术和产品的快速进步以及建筑和城市中业已显现出来的变化迹象明确地预示着城市公共生活和公共空间领域将发生的变革，甚至已经可以断言威廉·J·米切尔在书中所预言的未来城市图景将几乎毫无例外地变成现实。但另一方面，对于城市和建筑研究来说，仅仅去预言城市中终将发生的事件或变化并不具有特别的意义，而更重要的实际上是阐明这种事件或变化将在何时、以何种形式发生。

传统上，一般来说，作为建成环境的物质性实体，建筑和城市对技术和社会变革的反应一般会表现出一定的滞后性。这部分是由于建造行为相对较长的周期（在传统社会中这一点表现得尤为明显）和相对高昂的成本，同时也有部分来自于建成环境对于功能变化的适应性。当然，建筑师所固有的对于"变化"的抵触（这种抵触往往与对"永恒性"和普遍性的审美标准的追求联系在一起）所造成的影响也不能忽视。从这个意义上来说，我们不能期待技术所提供的可能性在城市中被迅速地转化为现实。

但另一方面，在当代社会，技术和产品对城市生活和城市空间的影响正在变得趋于简单和直接。一方面，技术自身所具有的越来越强大的力量使其能够直接影响甚至改变人的生活方式，产品和设备成为了决定城市生活方式的决定性要素（在以往这一角色一般是由城市和建筑空间来承担的）。另一方面，资本市场对社会消费行为的全面支配使新的技术迅速地转化为消费产品，现代媒体则使这种对技术和产品的消费行为具有了强制的意味。以上事实所导致的一个结果是：在现代城市中，建筑师、规划师以及城市建设的决策者们正在逐渐失去其对于城市生活和城市空间的支配力（在传统的城市中，这种支配力体现得是非常明显的）；而一些与新的技术和产品紧密相关的行业和阶层（如计算机和网络工程师、产品设计师和媒体从业者等），正在对城市的功能和形态产生更大的影响。从这个意义上来讲，城市对于技术进步的反应正在变得越来越敏感。

并且，在这个快速发展的时期，城市中各种支配和影响力量的体现并不是稳定和平均的，甚至表现出强烈的混乱和不可预测性。这使得在技术的进步和城市的变化之间难以建立起明确的对应关系。具体地说，针对某一特定技术或产品而言，我们很难去预测其对城市产生影响的范围、程度和速度。因此，希望精确地描述一幅技术进步背景下的未来城市图景（如威廉·J·米切尔所试图做到的那样）是非常困难的，但我们仍然期望可以从中看到一些具有普遍性和必然性的趋势。

5.1 罗马不会在一夜间消失

人们使用“罗马不是在一天中建成的”这样的谚语来形容城市发展变化进程的缓慢程度。[①]在传统时期，造成这种缓慢的主要原因之一是建筑物建造速度的迟缓，即使在古罗马或者文艺复兴这样西方古代历史上城市发展的高峰时期，一座重要公共建筑的兴建花费十几年甚至几十年也是很常见的事情。此外，社会财富总量的有限使城市规模的建设对于任何一个政府来说都不是一个可以一蹴而就的事情。

与传统时期相比，当代城市发展变化中的“缓慢”更多的不是体现为事实上的缓慢，而是一种观念上的缓慢和滞后。建造技术和设备的进步，使得建造时间已经不再成为问题，在20世纪上半叶，人们已经能够用一年的时间完成超过一百层的大型建筑物的建造，[②]而在今天，如果愿意，这个速度可以被进一步提高。另一方面，尽管城市建设仍然是耗费巨大的工作，但现代政府和商业资本已经具备了足够的经济力量。在历史上以及正在发生的快速城市化进程中，能够不止一次地看到短时间内城市面貌的剧烈变化，这一点在城市新区的建设中表现得尤为显著。从这个角度来看，城市的发展速度似乎已经不能再用“缓慢”来形容。但是，与同时期技术、产品以及与建筑和城市联系更为紧密的社会生活方式的变化相比，城市的变化仍然在相当大程度上是滞后的。特别是在今天，考虑到一个“扁平的”世界中，媒体无所不在的力量能够将世界各个细节的改变直接呈现在每一个人面前，从而使得学科和行业之间的发展正在日益趋于同步，城市所表现出的这种滞后性就会显得更加的令人难以置信。

城市发展的滞后性的原因是多方面的，建筑和城市学科自身的内在因素和与社会诸种要素之间的复杂联系都对其产生影响。但是，一个简单并且看起来不那么“学术”的原因也许在其中起着更大的作用：在对城市的发展具有较大影响力的人群（大致包括政府相关部门的决策者、投资商和技术专家）中，其主要成员往往具有年龄较大的特征。

一个稳定的现代社会结构中，激进的青少年和保守的中老年是两个相对应的群体（尽管对于个体来说不能将思想状态的倾向性完全与年龄相对应，但从统计学意义上这种划分是成立的），两者力量的相对均衡决定了社会发展的方向。然而，与在科学技术、文学艺术以及生活方式等方面的巨大作用相比，前者在城市物质实体领域的影响力要弱得多，而后者则具有支配性的影响。甚至可以不夸张地说，城市建设是属于中老年人的领域。尽管他们中的绝大多数人在年轻时就进入到这个领域，但在他们能够对此施加支配性的影响之前还需要经历相当长的时间。糟

① 这句话的原意本来是“罗马不是在白天建成的”（意为在晚上），来自于一个与罗马城的起源有关的故事，但其后人们已经逐渐接受了其引申含义。

② 纽约帝国大厦，102层，1930年动工，1931年落成，用时410天。

糕的是，这个时候，他们对于城市的认识和理想，往往还停留在他们年轻的那个时代。

在《权力掮客：罗伯特·摩西和纽约的衰败》一书中，作者罗伯特·卡罗如此描述了罗伯特·摩西年轻时的梦想："看着被火车引擎喷出的浓烟熏得颜色暗淡的、满是泥泞的公寓楼，在这个周日，帕金斯小姐听着摩西为她描述着一幅大好图景：那些很难看的铁轨将被公路完全替代，汽车可以在上面慢慢行驶，人们可以在车上欣赏美景，公路两旁则延伸着绿色，公园里满是散步和打网球的人，还有一起骑自行车的一家子。帆船和摩托艇系在有着美丽曲线的河道上。帕金斯小姐后来这么回忆道：最让她吃惊的是，罗伯特·摩西甚至对设想中的网球场和船道的确切位置似乎都胸有成竹。她旁边的这个年轻的市政调研局成员正在谈论的是一个宏大的公共改造工程，一个美国城市史无前例的大工程，而这个工程可以解决多年来难倒数任市政府的问题。他把所有东西都规划好了。"[①]摩西用了二十年的时间将他年轻时的理想变成了现实："没有什么东西可以使摩西因为年轻时的梦想的完成而得到的成就感削减半分。到了大选日，整个西部改造计划都已完成，他登上了麦迪艮的游艇并让船长将船开进哈得逊河，这样，他就可以全方位地欣赏自己的杰作了。二十年前，从河中央的一艘渡船的甲板上望去，六英里长的河滨公园曾经是六英里长的垃圾场，到处都是垃圾、泥泞，牛毛毡搭的小棚屋，成堆的废弃易拉罐，全部笼罩在火车喷出的浓烟当中。但是他仍是问身边的那个女人说：'这一切难道不能吸引你么？这难道不能成为全世界最美的东西么？'现在他觉得自己的梦想实现了。公园低处的火车道已经消失得干干净净，人们再也看不到泥泞、棚屋和垃圾了。取而代之的，是摩西从前在脑海里涌现过的东西。"[②]尽管在卡罗笔下，这些不过是被作为摩西个人野心与奋斗的例证，但事实上，同样的情况几乎在每一个城市都在同样地发生。并且，很难认为摩西的城市理想来源于某种与生俱来的先验式的理念而不是通过日常生活和信息媒介获得的知识和空间体验，而这些知识和体验就以这种方式直接地改变了几十年后的城市空间。

不仅仅是对于城市的经营者和管理者，规划师、建筑师和理论家们的技术性实践同样会受到其早期的空间知识与体验的制约。尽管专业的技术人员能够对此有一定的自觉意识并在一定程度上主动地更新自身的知识和体验，但是无法否认在其对城市的理解形成早期的观念的影响仍会明显地贯穿其职业生涯（一个较近期的例子是：在雷姆·库哈斯的理论和实践中，能够明显地看到其早年在亚洲的生活经历和作为记者的职业经历——尽管时间并不长——对其思维方式和职业视野的影响）。

---

① 罗伯特·A·卡罗．成为官僚．高晓晴译．重庆：重庆出版社，2008.

② 同上

此外，还有一点值得注意的是，那些建筑和城市领域中最为出色的人们往往是勤奋、严谨、自律者，少有放纵于物欲和玩乐的（这部分是因为这个职业所必需的较高的时间和精力的投入），这在一定程度上使得他们对时代的变化（在今天，技术的革新往往不是最先体现在生产领域而是在消费品市场中）经常不那么敏感。这一点与马歇尔·伯曼对简·雅各布斯的女性视角的评述形成鲜明的对比。从这个意义上，这个群体实际上成为了与真正意义上的城市生活距离较远的一群人，并且这个距离随着他们在专业领域话语权的提高有着逐渐增加的趋势。

在传统时期，技术和产品的发展相对迟缓，技术更新的速度慢，同时一种新的技术转化为可以得到普遍应用的产品往往需要几十年甚至上百年的时间，这使得城市发展的滞后显得无足轻重。而在现代社会中，技术研发的速度大大加快，并且在最短的时间内转化为产品，新产品产生的速度和数量远远超过传统时期。在二十年这样的时间跨度上（城市和建筑领域的从业者们从接受专业教育到在领域内获得一定的话语权所普遍需要的一个时间），技术和产品对于社会生活的改变足以达到无法预期的程度。在这种情况下，城市发展这种"代差"式的滞后性就会被明显地体现出来。

于是，通过这样一个"中老年化"的职业群体，城市的变化呈现出一种奇特的应激性：其反应的不是近日，而是二三十年前的社会现实。那些应该出现的，会推迟出现；那些本应消失的，也能够苟延残喘。这一切为路易斯·芒福德曾经说过的那句话做了一个完美的注脚："我们眼前所见的城市，多是我们父辈们的理想。"

5.2　文化：稳定的力量

在历史上，个人和社会生活方式的变化并不总是与技术和产品的发展同步和对应的。事实上，与技术和产品直接的进步相比，生活方式的变化总呈现出一定的"黏滞性"。这种状况产生的原因是多方面的，其中一个原因是，作为技术、产品与生活方式的纽带的"功能"，实际上是带有相当的弹性的，个体和社会的功能需求可以被压制、被激发或者被放大。特别是当代媒体力量的空前强大使得功能需求日益处于一种可控的状态。实际上，对于生活方式相对于技术发展所呈现出来的"黏滞性"，其最主要原因可以归为我们通常称之为"文化"的那些东西。

很难准确界定文化的定义，对于本书的研究来说，我们所指的文化，是指那些在历史进程中，逐渐被固定下来并且具有一定稳定性的生活方式、风俗习惯、思维方式、价值观念、行为规范、信仰好恶、文学艺术等要素。

如果认为从一个长期的历史尺度上来看，技术决定了建筑和城市发展变化的总体方向的话，那么文化在这个过程中扮演了一种什么样的角色呢？总体上来看，文化在社会和城市的变化中表现出一种稳定性：一方面，从短期内看文化会迟滞技术对社会和城市的影响，文化压制新的功能需求，使得新的技术和产品影响的范围和程度受到限制；另一方面从长期来看，文化会放大技术的影响，并将这种影响以新的文化的形式固化下来并获得相对的稳定。

汽车是在最大程度上改变了 20 世纪城市图景的技术发明。自从 18 世纪晚期有商用意义的汽车被发明后，立刻表现出相对于马车等传统城市交通工具的极大优势，但是，关于汽车使用的争论几乎从汽车出现的时候起一直延续到今天。很难将这种争论理解为源于汽车自身的技术和功能性缺陷或者其与城市生活的不相容性（即使这种缺陷和不相容是存在的，也无可掩盖其所带来的巨大的便利性，并且，很多被攻击的缺陷在之前的交通方式上甚至表现的更为严重），相反，我们更多地可以将其视为既有文化对于有可能对现状造成的根本性改变的自然而然的反应。这种反应从汽车产生时开始，并在 20 世纪 20 年代到 70 年代的半个世纪中不断与规划理论的论争、生态保护主义、能源危机等时新的思潮结合在一起，其余音一直延续到今天。整个 20 世纪的反汽车思潮的基本价值指向，实质上在于维护前汽车时代业已长期稳定的基于步行交通的社会生活模式和城市形态模式，抵制新的交通方式的冲击。除了与生态、能源等技术性议题的媾和外，反汽车思潮更从对前现代时期的生活节奏的追忆出发，倡导以“慢”为特征的生活方式（与汽车城市的“快速”特征相对），这更充分体现了这一思潮所具有的文化属性。

另一方面，随着汽车的使用日益普及以及对城市生活各个方面影响的深化，新的文化形态也逐渐形成，这种新文化赞颂汽车，并将其与某种文化意义上的进步性或优越感相联系。这种汽车文化的两个高峰是 20 世纪前半叶的现代主义城市与建筑运动中对以汽车交通为基础的城市规划体系的全面确认（从理论和城市实践两个方面）以及 20 世纪五六十年代美国的嬉皮士运动中的公路文化，两者的共同之处在于将汽车及其所代表的城市生活方式和“现代性”这一 20 世纪最大的文化主题紧密地联系起来。而另一种也许更为重要的关于汽车的文化现象是汽车作为这个时代最为重要的商品之一与日益强大的消费文化之间的联系，这种将汽车的种类甚至品牌与特定的生活方式、消费阶层、审美品位（而非单纯的功能）联系在一起的叙述方式在过去的一个世纪中已经成为消费文化最为典型的表述方式，这种表述方式由现代媒体的传播成为推动汽车普及化及维持汽车消费的持续性的最为强大的力量。

于是，与汽车产生初期遇到的情况相类似，在 20 世纪后期一些城市希望由公共交通的发展，限制私人汽车的使用，以摆脱城市对汽车交通的依赖并解决由此带来的一系列问题的时候，既有的汽车文化成为了新的方案最大的阻力。尽管新的交通方案在技术和功能上具有相当的可行性，但如何说服市民放弃与汽车相联系的一系列文化观念成为新方案必须要面对的一个问题（在这方面业已取得的成功大多是依赖着与“生态”这一近期具有广泛支持度的文化观念的联系而获得的）。

另一个重要性堪与汽车相较量的例子是摩天楼。摩天楼在 19 世纪晚期兴起于芝加哥、纽约等美国城市（1871 年的芝加哥大火后的重建一定程度上成为摩天楼发展的导火索），19 世纪钢铁、钢筋混凝土、水泵等技术的发展使得建造非常高的建筑有了技术上的可能，而最终推动了摩天楼建筑的发展的，则是电梯的发明和完善。在 20 世纪上半叶的现代主义建筑和城市运动中，摩天楼被作为解决城市问题的最重要的工具之一得到了充分的重视和推广。但是，在整个 20 世纪中，现代主义者们期待的属于摩天楼的时代从来就没有真正地到来过。除了纽约等少数城市外，西方世界的大多数城市从一开始就对摩天楼这种建筑形态保持了充分的警惕，这与其说是基于功能或者经济角度的权衡（毕竟在这些方面摩天楼在很多情况下有着不可比拟的优势），不如说是出于维持传统的城市形态和生活形态的文化考量。如果我们抛开所有的文化和历史因素，就不得不承认勒·柯布西耶的巴黎中心区改造方案[①]所具有的充分的合理性。同样的，抛开关于文化和历史的考虑，我们无法从 20 世纪六、七十年代对现代主义建筑和城市理论的批判中看到任何新鲜的东西（尽管后现代主义者们使用了当时盛行的社会科学成果对自己的理论进行了包装，但在“后现代主义”与“后现代主义建筑”之间几乎不存在学术上有价值的联系，与前者所具有的强烈的批判性和颠覆性相比，后者无论在理论指向上还是实践形态上都充斥着怀旧文化的意味）。

另一方面，与汽车文化的兴起类似，随着时间的推移，摩天楼也逐渐成为了一种新的文化图腾。对于这种文化现象，有着各种各样的解释，或归于潜意识里的生殖崇拜，或归于自古以来对垂直性的追求，又或者归结为与现代性的联系。无论原因如何，这种新的文化形态从功能和经济之外的角度为摩天楼形态的普及提供了新的支持。无论是近三十年来东亚、西亚等正处于快速城市化进程中的地区的摩天楼建设大潮还是持续了近百年的“世界第一高楼”的竞争，都体现着文化对摩天楼这种技术和经济形态影响的放大效应。

汽车和摩天楼，是体现文化在技术推动城市发展进程中所产生的影响的最为典型的例子。事实上，同样的事情几乎发生在所有新的技术改变城市的过程当中，其中的大多数并不一定像汽车或者摩天楼一样对城市形态的变化产生如此显著的影响，而是只涉及城市生活中某个细微的方面。但就是这样一个个技术和文化的细节综合起来，不断改变着城市生活、城市文化和城市形态。

一个最新的例子是互联网，在这个正在进行的技术变革中，之前我们描述过的一切都再一次地发生：既有文化传统对新的技术和产品的抵制、对新功能需要的压制与激发、技术与文化的冲突、新的文化的形成等。而城市生活、城市文化和城市形态，正是在这样的过程中，发生着也许是近百年来最大的改变。

从这些例子当中，我们能够勾勒出技术变革中不同要素作用的一个简单的轮

① （法）勒·柯布西耶．光辉城市．金秋野，王又佳译．北京：中国建筑工业出版社，2010.

廓：在技术革新导致社会和城市的变迁中，技术性、功能性的要素往往最先发生变化，而文化性的要素则相对滞后，从这个意义上来说，文化是使社会和城市保持稳定的力量。相应的，对于城市空间和建筑形态而言，纯粹基于功能的城市活动和建筑形态在变革中往往最先发生变化，而那些具有了仪式意义甚至上升为一种文化的公共活动形式则会较晚消亡甚至长期保留下来。

此外，正如在前文曾经提到的，20 世纪社会文化的变革最显著的特征就是旧有的城市生活文化瓦解以后，并没有形成统一的新文化类型和占据主导地位的所谓“时代精神”，新的文化在城市生活中体现为大量的碎片式的文化形态。甚至可以说，在今天的整个社会文化系统中，除了无所不在的消费文化外，没有哪种文化形态能够具有普遍性的影响。对此，在 20 世纪中叶，一些社会学研究者用“亚文化”（sub-culture，也译作次文化）一词来描述区别于主流文化的差异性文化。其中，美国学者大卫・雷斯曼认为，亚文化的意义存在于与主流文化的对比之中，在当代大众文化受到商业力量支配的背景下，亚文化因其小众的特点而具有了对商业文化进行颠覆和抵抗的意义。[①]本书前文提到的“宅文化”就是具有典型的亚文化特征的文化形态。另一方面，当代的商业消费文化，与以往时代的主流文化相比也具有不同的特征。它缺乏与特定社会阶层的联系，也没有明确的价值观和清晰的文化指向，我们甚至很难像界定其他文化形态一样来准确地描述它的特征。然而，就是这样一种缺乏明确核心价值的文化形态，却又无人能否认其在今天所具有的无孔不入的影响力，这种力量甚至远远超过以往任何主流文化形态的影响。从城市研究的角度看，在当代，诸多亚文化与商业消费文化之间的对抗与均衡关系，构成了当代城市发展所面临的基本文化背景。

在这样的背景下，一方面，由商品、资本、消费市场和大众传媒组成的消费文化网络，将触角伸入到社会生活的每一个角落，敏感地掌握着各个领域发生的变化（无论是新的技术、新的产品还是其他），并以最快的速度将这种变化整合进消费网络中来。与传统主流文化对技术变革或多或少的抵触态度相比，消费文化对此几乎是表现为无条件地接受，这使得社会生活和城市形态对技术变革的反应速度大大加快。但与此同时，新的技术成果却很难被固化为新的文化形态，从而难于形成稳定而深入的影响，这使得大量的技术成果对社会和城市的影响往往表现为浮光掠影式的流行风潮。另一方面，碎片式的亚文化使得群体之间对社会变化具有强烈的选择性，不同的亚文化群体对于同一社会变化的反应可能是截然不同的。这进一步提高了技术对社会和城市造成广泛性影响的难度，但同时也为技术变革在一定范围内以亚文化的形式被固化下来，并施加深入而稳定的影响提供了可能。这两者的共同作用，使得当代城市中的文化要素所起的作用，不再如前述单纯作为应对变革的“稳定器”，而是表现出更多的暧昧和不确定性。

---

① （美）大卫・雷斯曼．孤独的人群．王昆等译．南京：南京大学出版社，2003.

5.3　购物：最后的公共生活？

在前文中，我们曾对工作、学习、观赏、交易、服务、交往、游戏等主要的空间类型在虚拟化时代所面临的变革进行了简要的讨论。在这里，我们希望对交易空间——或者更为确切地说是购物空间——的意义做进一步的探讨。

之所以认为购物空间具有某种独特性，源于我们对这个时代的社会文化状况的认识。正如在上一节所说的，一方面无所不在的消费文化网络具有了压倒一切的力量，吸纳一切革新却又拒绝任何根本性的变革；另一方面伴随着技术和社会的变革新的亚文化不断生成，社会文化越来越呈现碎片化的特征。在这样的背景下，购物活动已经成为各种文化力量在变革中能够取得共识的几乎唯一的交汇点。

这一位置为购物活动和购物空间自身所具有的特质所强化：首先，购物这种面对面的交易行为是最为古老和最为基本的人类公共活动类型之一，一定程度上也是城市之所以产生的原因之一，在另一个城市形成的原因——军事防御——功能已经逐渐淡化的今天，购物空间已经成为城市中最具本源意义的空间类型。其次，在城市功能和形态演变的历史中，购物空间的形态保持了基本的稳定。如前文所言，从传统的集市发展到今天的综合性购物中心，购物空间基本的功能逻辑和空间逻辑都没有发生本质性的变化。商业街这种绵亘了上千年的空间模式更是说明了其与人类基本行为模式的良好契合。最后，在体验性和交往性活动在城市公共生活中的重要性渐趋增强的背景下，购物行为被证明了与体验性和交往性活动之间具有良好的相容性，并展现出以购物空间为背景将多样化的城市公共活动进行整合的功能潜力和空间潜力。

基于以上诸种原因，购物空间在工业革命后数百年来城市空间结构的剧烈变动中，不仅没有被削弱，反而占据了越来越重要的位置，这一点在 20 世纪中叶之后伴随着社会全球化和信息化程度的深化表现得更加明显。对此，不同视角的理论家们做出了不同的阐释。在建筑和城市研究领域，相当多的理论家对此持批判态度，并认为消费文化的泛滥和全球化对文化个性的抹杀是导致 20 世纪后半叶诸多建筑和城市问题的主要原因之一，进而倡导建筑师和城市研究者应该通过理论和实践对这种状况进行抵制和批判。这实际上是诸如肯尼思·弗兰姆普敦的“抵抗建筑学”或者亚历山大·楚尼斯的“批判性地域主义”之类的批判性理论的基本价值指向。这一类论点因其所具有的与 20 世纪理论界一贯的左翼色彩合拍的“政治正确性”以及与 20 世纪后半叶社会科学理论的千丝万缕的联系而显得颇为诱人，但是其陈词滥调式的批判话语和对待现实变革的貌似尖锐实则逃避的态度很难说具有多大的现实意义。有少数理论家能够跳出这个窠臼，以一种更为客观和冷静的态度看待社会、文化和城市的变化，对于他们来说，重要的不是匆忙地对已经发生的变化进行价值判断，而是抛开个人的先见，尽可能客观而精确地描述正在发生的一切。在我们看来，这无疑是一种更具智慧和勇气的态度。

雷姆·库哈斯无疑是其中最为典型的一个。出于其早年作为记者的职业生涯所培养出的特有的对社会问题的洞察能力，库哈斯敏感地意识到了在当代社会和城市中购物（shopping）行为所具有的影响力和象征意义。他指导其哈佛的研究生花两年时间系统地研究了购物行为对当代城市生活的影响，并完成了《哈佛购物指南》（The Harvard Design School Guide to Shopping）等一系列著述。在这些研究中，库哈斯描述了当代社会中购物行为已经无所不至地充斥了世界各个角落的状况，并且指出商业经营的方式也与以往有所不同（一个例子是，位于机场和博物馆里的商店比超级商场里的商店能够获得更多地利润）。针对建筑师在其中的作用，库哈斯直截了当地指出："空间，也是一种市场手段。"[①]这句话的言外之意在于：在当代，市场已经成为空间的价值指向之一（甚至也许是最重要的价值指向）。这一点或许会让很多坚持传统的职业价值观念的建筑师感到痛苦，但却无疑揭示了这个时代空间设计的本质。在充分地评估了购物行为在当代城市生活中的意义之后，库哈斯甚至断言："购物可能是最后仅存的公共活动方式。"[②]

如何理解库哈斯的这一预言呢？我们不认为这句话如同字面上所表述的那样意味着在未来的某个时候，其他的公共活动将消失，只有购物活动会保留下来（或者最晚消失）。实际上，在库哈斯的研究中已经明确地论述了当代商业空间功能的混合化趋势。我们认为，在电子商务等虚拟化交易空间的冲击和新的技术手段提供的可能性支持下，购物活动与其他类型公共活动（工作、学习、观赏、服务、交往、体验、游戏……）的混合性将进一步得到加强，这既是购物活动维持自我存续的需要，也是当代社会新的空间利用模式的必然要求。而这种趋势最终将导向各类公共活动之间分类的彻底模糊，同时也是各类公共空间界限的彻底消失，这意味着存在以购物为线索整合各种公共空间和活动的可能性。从这个意义上，对库哈斯的上述预言的一个可能的理解是：在某个时候，各种公共活动之间的界限将消失，最终剩下来的是一种无所不包的混合性的公共活动，称之为购物（shopping），传统意义上的购物会消失，但购物会无所不在。

此外，必须意识到，尽管如前所述我们认为面对虚拟交易形式的冲击，实体的购物活动和其所对应的空间具有充分的调整余地，但是这种预期实际上带有相当大的不确定性。毕竟我们论述的基点不可避免地来自于对以往的社会生活和城市空间变革的经验性总结，但在信息化、网络化的时代，我们已经目睹过太多远远超越预期的变化，特别对于虚拟化交易这一全新的事物而言，其所拥有的可能性几乎是无限的。因此，如果有一天实体性购物活动和空间真的就此消失，我们似乎也不必为此感到惊讶。

---

① Rem Koolhaas. Project for Prada：Part 1. Fondazione Prada，2001.

② Rem Koolhaas. Project on the City II：The Harvard Guide to Shopping. Taschen，2001.

5.4　新的藩篱

在新的技术和文化条件下，社会生活或者具体到城市的公共生活到底会发生哪些根本性的变化，个体与个体、个体与社会之间的关系和以往的时代会有什么样的不同，这是试图去理解新的城市结构和空间关系时所必须面对的基本问题。当然对有些人来说，城市公共生活永远只意味着在小镇中城市广场边的露天咖啡座消磨时光的旅行者或者居住区附近的市场边带着孩子闲聊的主妇而已，对于这些笃信人性中永恒的方面将最终决定公共活动的形态的研究者来说，互联网和全球化这些东西只不过是一些让人感到些许烦恼的插曲而已。

在另一个极端，彻底的技术乐观主义者们高度评价信息技术的发展所提供的可能性，特别是对其重新界定人类个体之间关系的潜力抱有相当的信心。在他们看来，新时代信息技术的发展将个人从复杂的社会关系中解放了出来，摆脱了以往政治、经济、文化、媒介等社会屏障对公共活动的阻碍，最终将导向个体之间在社会交往层面彻底的畅通、自由和平等，在技术进步的推动下，未来的城市公共生活场景如同乌托邦理想中所描述一般美好。

我们无意否认这也许确实是我们所面临的诸多可能的未来中的一种（基于技术所具有的几乎无限的可能性），但也并不愿意夸大达到这一美好未来的可能性，特别是不认为这一场景将在可预期的不算遥远的将来变成现实。这一审慎判断的最主要原因在于：从历史上来看，对于城市公共生活来说，新技术带来的麻烦几乎和它所带来的便利性和自由度一样多，当旧的屏障消失，新的藩篱往往同时被竖立起来。

越来越多样化的媒体和信息交互技术使得原有的地点、距离、语言、个人身份、社会阶层、文化等造成的交往障碍逐渐被弱化，基于以上因素的社会关系对个体的束缚和影响能力相对来说在逐渐减弱，这确实使公共生活展开的方式趋于自由和开放。但同时，在不同的媒介之间新的隔阂正在形成，这种隔阂发生在新媒体（互联网）和老媒体（如电视或者更为古老的报纸）之间、新媒体的不同阶段（如无线移动网络与有线网络）之间、甚至同一媒介形式的不同软件应用（如同为即时通讯软件的 QQ 与 MSN、不同的微博品牌）、不同的内容使用者（如不同论坛的用户）之间。在新媒体这一新兴的市场领域中，厂商们乐于通过细化使用者人群、细分市场来占得一席之地，却很少有人愿意在通用性方面做出努力。其结果就是，使用者似乎拥有着无数的选择，但无论做出了何种选择，面临的可能都是新的画地为牢。信息化使得原有的人群划分被打散，同时又以自己的方式重新划分群体。并且，鉴于新媒体业已表现出来的强大的控制能力，有理由相信，这种新的划分总有一天会发展到比传统意义上的群体更加牢不可破。

此外，与媒介形式的可选择性相比，接入互联网络的便捷程度则成为强制性的障碍。与曾经那些没有广播电视信号、没有电话线接入的地方一样，在互联网时代，没有网络接入能力的地点将会被排除到信息化的潮流之外。从这个意义说，“地点性”在这个时代仍然存在，只不过这种地点性不是源于地形、气候等自然地理条件而是取决于其信息基础设施情况。移动互联网络的普及一定程度上使得这种地点的差异性得到了缓和，但是不同区域之间的接入能力差异以及不同用户之间的终端差别仍然无法避免地存在。也许更重要的一点是，带宽——信息交互速度的差异几乎不可能期望能够被抹平，这或是由于区域之间信息基础设施水平的差异，或是由于经济成本的差异（可预期的相当长的时间里，较高速率互联网接入的价格不可能降低到可以忽略不计的程度），更有部分是源于新的互联网应用对于网络带宽无止境的需求。总之，带宽的差异形成了与传统意义上的源自于位置、距离以及道路基础设施情况的“可达性”相对应的互联网时代版本。与传统的可达性和特定地点之间密不可分的联系相比，信息时代的可达性由于移动网络的使用与地点的关系趋于模糊，但不可否认，这种可达性的差别仍是在城市中——或者更大范围的世界中——造成地理差异的重要因素。

关于以互联网为媒介的公共生活及其文化意义，另一个有意思的方面是其与之前的城市公共生活之间的承继关系。首先回顾前文中的一段话：“我们可以将公路文化、高速公路上的飙车和流浪生活视为传统城市街道生活的在汽车时代的延展版本。它实现了一种在新的技术产品（汽车）、新的基础设施（全国高速公路系统）、新的空间模式（沿着公路的空旷自然）为载体的情况下将交通行为与公共活动结合的模式。”[①]顺着这个思路，我们同样可以将基于互联网的信息交换活动视为另一个版本的街道生活：在新的技术产品（个人计算机及各种数字终端）、新的基础设施（互联网）、新的空间模式（比特空间）为载体的情况下对交通行为与公共活动的完美整合。甚至我们可以按照马歇尔·伯曼的逻辑[②]作出如下推论：在第一次世界大战后的繁荣时期，现代性的主导象征是绿灯；在第二次世界大战后的高速增长时期，现代性的中心象征则是全国公路系统，驾车者能够在此系统中不遇到任何红绿灯而从东海岸跑道西海岸；而在新媒体和信息时代，互联网成为了现代性的中心象征。

从这个意义上讲，互联网所具有的反地点性的特质，恰恰契合了我们曾提到的现代主义运动的反城市内涵——冲破人类与自然、人与人之间沟通的障碍和藩篱，逐渐消解乃至最终消灭城市，从而走向彻底的开放性和田园化。而如前文所言，至少迄今为止，互联网时代所达到的公共生活模式距离这一现代性的终极追求还有相当的差距。旧的障碍解除，新的藩篱却被重新建立，彻底的现代性似乎成了一个永远可望而不可即的目标。互联网时代的人们正为带宽而焦虑，正如传统时代的人们为了地点而焦虑、汽车时代的人们为了速度而焦虑一样（图 5-1）。

---

① 参见本书 22 页 .

② 同上

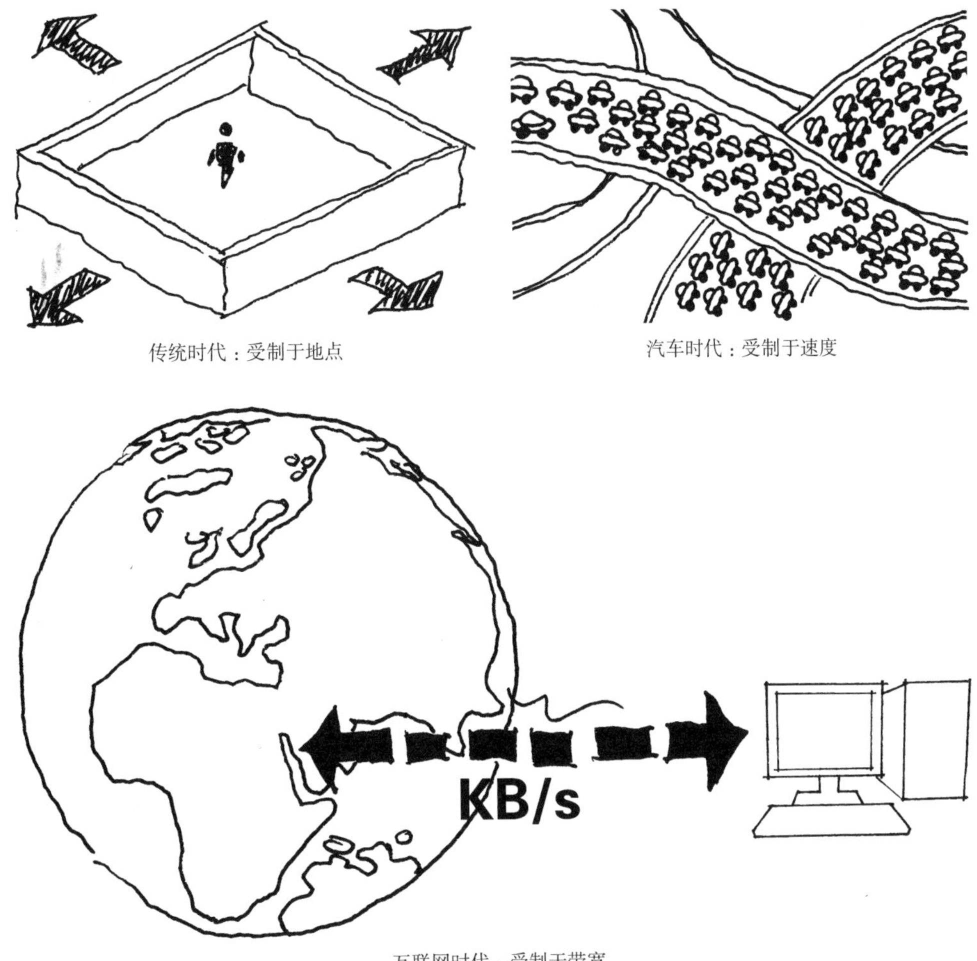

传统时代：受制于地点

汽车时代：受制于速度

互联网时代：受制于带宽

图 5–1　焦虑

互联网时代的人们正为带宽而焦虑，正如传统时代的人们为了地点而焦虑、汽车时代的人们为了速度而焦虑一样。

这似乎正应合了阿兰·德波顿在《身份的焦虑》一书中所说的："外界观点总是引导我们，让我们想象自己在攀登幸福崖上的最陡峭的一边，一旦爬上去，就可以到达一个广阔的高台，在其上我们就可以一直享受幸福生活；从来不会有人告知我们，一旦到达顶点，我们又会被唤回谷底，重新处于焦虑和欲望的洼地中。生活就是用一种焦虑代替另一种焦虑，用一种欲望代替另一种欲望的过程"。①

5.5　新空间伦理：恐惧与娱乐

面对和克服恐惧曾经是最为恒久的空间议题，也是城市之所以产生和存在的重要理由，但在今天，这一点正在发生变化。

① （英）阿兰·德波顿．身份的焦虑．陈广兴，南治国译．上海：上海译文出版社，2007：195-196.

从聚集起来并利用基本的围护和遮蔽物来对抗自然，到借助高墙厚垒的彼此对抗，个人无可抗衡的暴力与对这种暴力的恐惧构成了早期城市的重要内容。在西方，西罗马帝国崩溃后，西方世界对草原民族的长期军事弱势使这种恐惧延续了整个中世纪，并且构成中世纪文化乃至广泛意义上的当代哥特文化的总体文化基调。热兵器的广泛使用使得城墙的防御意义逐渐丧失，文艺复兴后西方在技术和文化上的逐渐强势使得个体在面对自然和外部世界的时候拥有了越来越大的心理优势，这使得对外部世界的恐惧逐渐受到压制（这个过程伴随着城市公共生活程度的加强）。但同时伴随着从文艺复兴到启蒙运动个体意识和个人主义观念的逐渐加强，对他人的恐惧或者说个体的安全性问题成为空间领域的核心问题之一，并在从法国大革命一直到德国法西斯运动的近一个半世纪的城市暴力高潮中达到了顶峰。其后，随着城市中大规模暴力活动的平息，空间的恐惧与安全问题逐渐指向了两个更为日常化的方面：防范犯罪和个人隐私。这两个问题已经成为当代都市空间伦理的核心问题，前者是简·雅各布斯的“街道眼”[①]和奥斯卡·纽曼的“可防卫空间”[②]理论的基本出发点，后者则在现代主义建筑运动的功能和空间理论中得到了淋漓尽致地体现。令人遗憾的是，防范犯罪和个人隐私之间经常是矛盾的，无论是通过国家机器的力量、技术手段还是如雅各布斯和纽曼所倡导的通过空间和环境设计手段，有成效的控制犯罪手段往往意味着对个人隐私的侵犯（直到“9·11 恐怖袭击事件”后的美国反恐活动中，对个人隐私的侵犯仍然是一个争论不休的话题）。

对于监视与安全这一对话题的空间化，一个著名的例子是杰里米·边沁的圆形监狱（Panopticon）。圆形监狱的设计使得一个监视者就可以监视所有的犯人，而犯人却无法确定他们是否受到监视，从而实现所谓“自我监禁”。圆形监狱的原型对于现代的工厂、医院、学校、疯人院乃至办公楼等建筑类型的空间都有着潜移默化的影响，而现实中对圆形监狱原型更为完美的体现则是闭路监控系统（Closed Circuit Television，CCTV）。在米歇尔·福柯看来，圆形监狱这种空间原型甚至带有相当强烈的形而上的意味：一个完美的权力实施机构，“一种被还原到理想形态的权力机制的示意图”。[③]

如果说圆形监狱是传统条件下的恐惧与监视关系的集中体现的话，那么其电子时代的最深入人心的原型则是乔治·奥威尔在《1984》中所描述的荧光屏幕中无所不在的“老大哥”形象[④]。有意思的是，奥威尔笔下的荧光屏幕所起到的作用还是类似于闭路监控系统式的监视作用，相当于一座无限巨大的、提供了彻底的单向透明性的圆形监狱。但 60 多年过去，奥威尔担心的状况并未发生，电

① （加拿大）简·雅各布斯．美国大城市的死与生．金衡山译．南京：译林出版社，2005：35-40.

② Newman O. Defensible Space：Crime Prevention through Urban Design. NY：Macmillian，1972.

③ （法）福柯．规训与惩罚．刘北成，杨远缨译．上海：生活·读书·新知三联书店，2003：230.

④ （英）奥威尔．一九八四．孙仲旭．上海：生活·读书·新知三联书店，2009.

视屏幕却以另一种截然相反的方式实现了广泛的控制：借助电视等媒介的力量，现代传媒系统通过对信息的控制实现了对人的思维的控制。与奥威尔的描述不同，在屏幕后面并不存在一张冷冷窥视的脸，电视也并不会窥视使用者的一举一动，但是，通过对信息强有力的掌控，媒体系统可能实现的控制程度比之“老大哥”式的传统威权统治更是有过之而无不及。

与电视的单方向的信息传递不同，互联网实现了信息的交互。也许更重要的一点是，相对于电视所确立的媒体——受众的中心——边缘关系，互联网时代的信息网络并不存在这样的中心。尽管绝对的平等不可能存在，但确实是用户之间的信息交互网络而不是少数应用生产者或信息提供者构成了互联网的基础和主体。在这样的信息网络中，使用者之间实现了双方向的相对的信息透明，这实际上建立了一种新的监视关系：在网络中，每个人都在监视着他人，同时被他人所监视（图 5-2）。这种监视关系使群体对个体的控制能力达到了前所未有的程度（尽管这个“群体”的力量未必如以往为少数人所掌控），构成了互联网时代新的安全和隐私关系的基础：一方面这种控制已经显示了其在维护公共安全，控制犯罪方面的潜力，另一方面也不可避免地对个人隐私造成了威胁（一个例子是近年来引起很大争议的“人肉搜索”[①]）。早期互联网相对简单的应用模式使这个问题并没有表现得非常突出，于是有了“在网上，没有人知道你是一条狗”的说法（威廉·J·米切尔在《比特之城》中也引用了这个典故[②]）。但最新的互联网应用种类和盈利模式破坏了这一规则，以至于《过滤器泡泡：网站对您隐藏了哪些东西》一书的作者埃利·帕雷瑟在接受采访时不无担忧地调侃道：“新兴的互联网应用不仅仅知道你是一只狗，而且知道你的品种，并且还打算将一碗粗磨粉狗粮卖给你。”[③]此外，基于彼此监控的互联网络伦理结构在彻底地消弭了世界走向奥威尔笔下 1984 式的未来的危险性的同时（这其实是 20 世纪中后期现代性的自我调整当中一直在努力规避的一个问题），是否会走向另一个极端，即新形式的民粹主义（今天，这个问题以所谓“网络暴民”的形式，已经开始得到关注），至今仍是一个未知之数。

如上所述，从社会结构和空间伦理的角度看，传统时代用以维护安全的威慑力量来自于单向的信息透明，电视时代来自于单方面的信息霸权（甚至可以将其称之为一种信息暴力），而在互联网时代这种威慑力则源自个体之间相互的信息透明度。然而，以上远远不是我们这个时代所面临的空间伦理问题的全部，或者说，

---

① “人肉搜索，是一种以互联网为媒介，部分基于用人工方式对搜索引擎所提供信息逐个辨别真伪，部分又基于通过匿名知情人公开数据的方式搜集信息，以查找人物或者事件真相的群众运动。”维基百科．“人肉搜索”条目．http：//zh.wikipedia.org/wiki/ 人肉搜索．

② （美）威廉·J·米切尔．比特之城：空间．场所．信息高速公路．范海燕，胡泳译．上海：生活·读书·新知三联书店，1999：7.

③ 埃利·帕雷瑟．网络真的“懂”你——过滤器泡泡看起来很美！. http：//article.yeeyan.org/view/153413/196381.

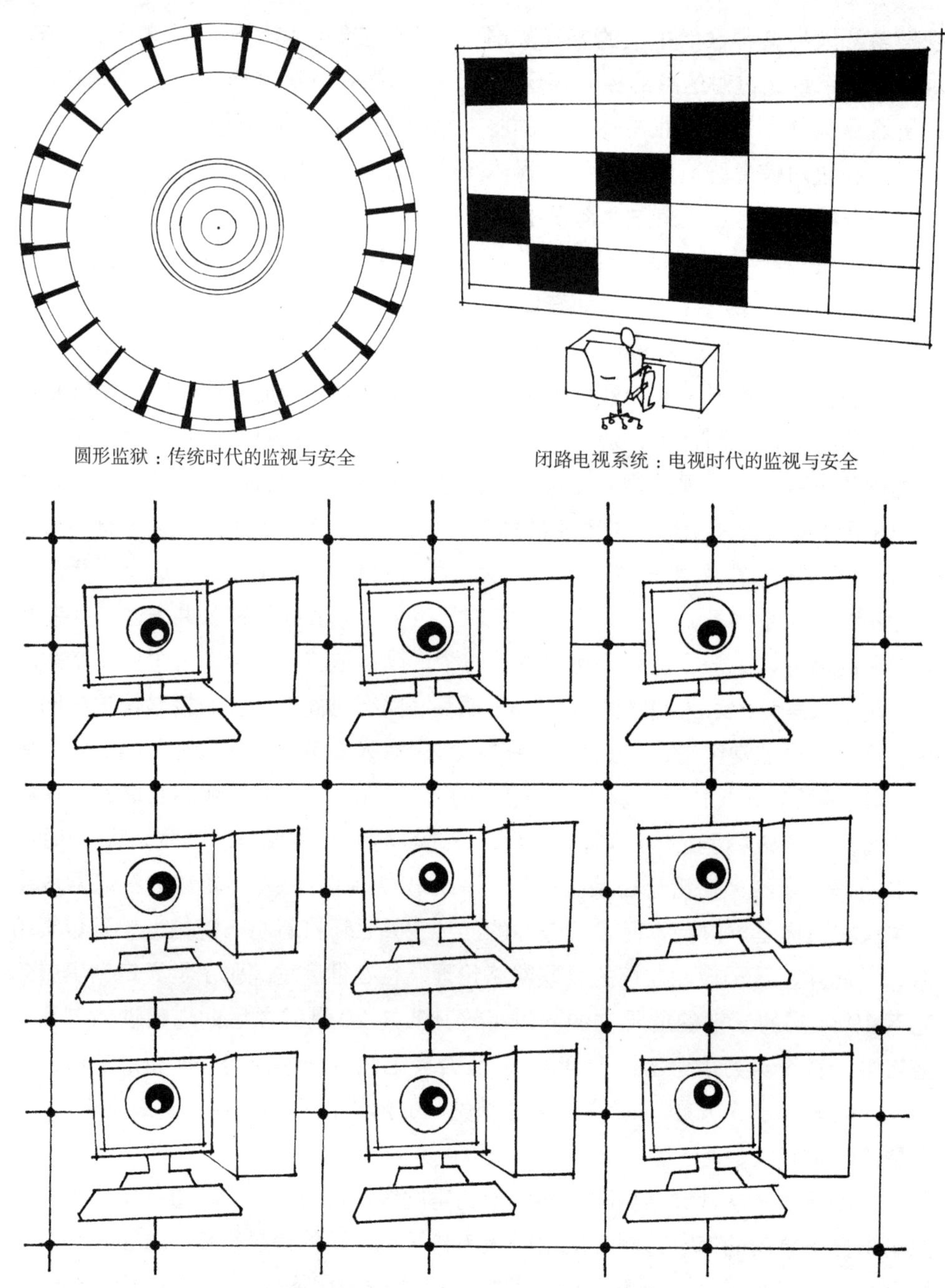

圆形监狱：传统时代的监视与安全

闭路电视系统：电视时代的监视与安全

普遍的监视与被监视状态：互联网时代的监视与安全

图 5–2　隐私与安全

互联网实现了使用者之间双方向的相对的信息透明，这实际上建立了一种与传统时代和电视时代不同的监视关系：在网络中，每个人都在监视着他人，同时被他人所监视。

安全并不是我们面对的唯一问题。特别是考虑到当代健全的政府所掌握的国家机器的力量，今天这个时代可能是人类历史上安全最不成为问题的一个时期。相对的，另一个问题也许在今天更为重要，即闲暇与娱乐的问题。具体地说，城市需要提供足够的娱乐以填充人们的闲暇时间。

闲暇与娱乐问题受到的关注远没有安全与隐私问题那样多，这一方面是因为前者不像后者那样与个人的生命和财产问题切身攸关，甚至很多人根本不曾想到过这个问题，另一方面也是因为这个问题在历史上相当长的时期内并不存在。事实上，自动化技术的发展、充分的社会分工与协作带来全社会范围内普遍的闲暇状况仅仅是最近一百年以来的事情。如果从个人的角度看，充分的闲暇无疑是令人愉悦的，但是对于整个社会结构和城市的公共生活状况来说，普遍的、不能得到有效填充的闲暇将会成为一个相当严重的问题。

早在 20 世纪上半叶的现代主义建筑和城市运动中，一些研究者已经敏感地意识到有效地填充城市生活中的闲暇时间是城市理论和实践必须面对的问题。勒·柯布西耶在《光辉城市》中提到："当产品被重新改造之后，因机器时代的到来而成为可能的休闲时光将很快转变为一种社会危机：一个迫在眉睫的威胁……这无疑是当代社会学面临的最令人困扰的问题之一。因此，为迄今仍存歧义的'休闲时光'一词赋予明确的功能是当今之时的当务之急。我们不能放任几百万男男女女和年轻人每天有七八个小时的时间在街上闲逛。"[①]在柯布西耶看来，过多的闲暇时间将使人的身体和精神变得孱弱，这对于倡导健康、节制、追求"基本的快乐"的生活方式的柯布西耶显然是不可接受的。对于这个问题，柯布西耶给出的解决方案，首先是创造合理的居住空间："我们所面临的极端重要的问题是，如何在城市中创造居住空间。不仅能为居住其间的人们提供居所，同时也能把他们留在家中，而后者更加重要。"[②]但同时，柯布西耶也认识到，这并非是根本的解决之道："可是，即便是这个任务成功地完成了，问题依然是问题。正因如此，必须找到一个方法，让当代社会能对自身进行彻底检修，以期能从第一机器时代的炼狱中脱身而出，寻回自身尊严，而它眼下仍旧被踩在脚下。最后，现代人理应能够真正'生活'，我的意思是说，人们能够拯救自身的躯体，在家庭中获得和谐的存在，从思维活动中收获舒适的感觉，全心投入社交生活，在正直无私、相互交流的环境中提升自己，从而自那些无休止地纠缠于金钱的活动中解脱出来。"[③]对此，柯布西耶提供的答案是身体的锻炼。在他看来，体育运动可以强化人的身体和精神，是用来填充闲暇时间的最佳的活动："运动必须成为日常活动，而它必须在居室之外直接发生。"[④]这一认知构成了柯布西耶的城市规划理论的基本出发点之一，即在住宅区中配置足够数量的可供室外运动的场地空间，从而促使人们把闲暇的时间投入到运动中去："现代城市规划能够实现一个奇迹，将人们重新抛进运动场地。"[⑤]

---

① （法）勒·柯布西耶著．光辉城市．金秋野，王又佳译．北京：中国建筑工业出版社，2010：60.
② （法）勒·柯布西耶著．光辉城市．金秋野，王又佳译．北京：中国建筑工业出版社，2010：61.
③ 同上
④ 同上
⑤ （法）勒·柯布西耶著．光辉城市．金秋野，王又佳译．北京：中国建筑工业出版社，2010：62.

柯布西耶精心构想了应对闲暇问题的社会学和城市学方案，但历史并没有按照他的设想前进，而是做出了另外的选择。最终用以填充闲暇时间的是消费和娱乐。商业资本和信息传媒的充分合作，描绘出了一幅光怪陆离的消费社会场景：远超过满足人们生活需要所必需的商品被生产出来，并成功地被消费掉，直接或隐形的商业广告而不是人的需要成为了消费行为最大的理由。同时，消费的对象不仅限于有形的商品，所有的社会要素——文化、政治、思想、艺术、情感……——所有能被想到的事物都转化为娱乐产品从而成为消费的对象。看上去，泛娱乐化的消费主义完美地解决了闲暇的问题——过度的消费和娱乐活动占满了所有的闲暇时间。

如果问题就此解决那当然是一件美事。问题在于，这种解决方式实际上恰恰是柯布西耶这样的研究者们对闲暇时间这个问题忧心忡忡的原因所在："眼下，我们都不顾一切去占有去攫取，拼命追求那些无用的消费品。我们所有的创造力量用来制造这样的东西，我们所有的购买力都耗在上面。结果怎么样？生活变得丑陋不堪。我们的家里到处都是毫无用处的垃圾货，那些花里胡哨的小玩意堆积在我们的店铺里、房间里，也堆积在我们的头脑里。在别人眼里，我们到底成了什么？我们真的需要这些东西吗？不，这些东西只不过是一些幻觉，我们希望通过它们向别人展示我们的生意有多成功，我们的品位有多别致，我们的生活有多体面。这些雪崩一般的新奇事物，就要把我们活活埋葬了……奢侈品，那些臭名昭著的身外之物，汇成了毫无价值的潮流，我们制造出来装点我们时代的东西，其实只是无可计数的、无穷无尽的、无休无止的毫无意义的东西，浪费了大量的金钱。"[①]柯布西耶在书中用相当长的文字描绘了过度的消费对城市生活的侵蚀，却无法阻止他的担忧在其后的几十年间如约变成现实，其程度甚至远远超出了他的想象。

至于柯布西耶寄予厚望的体育，也逃脱不了被娱乐化和成为消费品的命运。大型体育赛事成为带来财富的时尚秀场和广告商的盛宴，这种将体育视为明星的表演而不是身体力行的参与的态度正是柯布西耶所极力抨击的："10、20、30 个高水平的运动健将为 5 千、1 万、2 万名支付了费用的观众表演，后者只观看，不参与；他们在体育场的某一个角落又是高呼又是跺脚，一个小时又一个小时地停驻在一个固定的地方，哪儿也去不了。现在的体育比赛，尽人皆知，是一种远离了风吹日晒、雨雪冰霜的贫弱，无数病态的源泉，人们只能蜷缩在遮蔽之中，通过别人的表演去实现自己英勇的幻梦。"[②]柯布西耶完全没有估计到媒体力量的发展，电视等现代媒体将观众的数字放大了上万倍，并且使得观众甚至不需要出现在体育场，而是待在家中的沙发上。总之，一切都按照柯布西耶最坏的预期在

① （法）勒·柯布西耶著．光辉城市．金秋野，王又佳译．北京：中国建筑工业出版社，2010：146.
② （法）勒·柯布西耶著．光辉城市．金秋野，王又佳译．北京：中国建筑工业出版社，2010：60.

发展，且程度远远过之。

柯布西耶的方案无法成为现实有其必然性。他的精神追求带有古希腊的乌托邦气质，而对社会和经济规律的理解停留在第一机器时代。他看到了那个时代的社会危机和文化危机，但没有理解这种危机背后的经济原因。《光辉城市》成书于 1933 年，正是在著名的西方经济大萧条（Great Depression，1929–1933 年）期间。在今天看来，20 世纪上半叶的经济危机实际上恰恰是因为第一机器时代的产业结构和社会经济模式已经无法持续下去。无论其后各国政府采取何种措施去应对这次危机，最终使西方社会从经济泥潭中走出来的实际上是以下几个原因：新技术提供的产业契机、金融与资本的重新整合、以娱乐为核心的第三产业模式。从这个意义上来说，整个 20 世纪中后叶的泛消费、泛娱乐化趋势是不可避免的，也是时代做出的必然选择。奢侈品对个人是奢侈的，对社会却是必需的；娱乐会侵蚀人的精神，却是时代精神使然；闲暇是危险的，却成为社会财富最大的潜在来源。利用、消费而不是防止闲暇，就成为一种必然。

伴随着产业结构和经济模式的变化，社会文化领域的价值观念也出现了转向。资本控制下的媒体无休止地鼓吹消费，逐渐丧失左翼理想的知识界则开始称颂闲暇。这种对闲暇的称颂构成了 20 世纪后半叶城市理论的基本背景之一：街道边的露天咖啡座或者广场台阶上无所事事的人群被塑造为好的城市空间的典型形象，同时也为对现代主义者的攻击提供了最好的武器——柯布西耶的城市中没有这样的空间。但实际上，这种看似美好的闲暇的基础——欧洲的福利社会模式——是无法长期自持的（在脱离了不平等的全球贸易关系支撑的情况下）。相对来说，美国学界在这个问题上一直没有像他们的欧洲同行那样对闲暇问题盲目地乐观，这部分是因为美国一直没有采用欧洲的福利社会模式（并且对此保持着相当的警惕），也与美国社会普遍的清教主义传统不无关系。这种文化和社会观念上的差异，在战后美国和欧洲城市设计理念的分野中得到了明显的体现（从这个意义上来说，简・雅各布斯在美国的城市设计界其实是个异类）。

闲暇与娱乐，已经取代了恐惧与隐私，成为这个时代最大的文化和社会问题。正如尼尔・波兹曼在《娱乐至死》一书中比较了乔治・奥维尔的《1984》和阿道司・赫胥黎的《美丽新世界》后所指出的：“奥威尔害怕的是那些强行禁书的人，赫胥黎担心的是失去任何禁书的理由，因为再也没有人愿意读书；奥威尔害怕的是那些剥夺我们信息的人，赫胥黎担心的是人们在汪洋如海的信息中日益变得被动和自私；奥威尔害怕的是真理被隐瞒，赫胥黎担心的是真理被淹没在无聊烦琐的世事中；奥威尔害怕的是我们的文化成为受制文化，赫胥黎担心的是我们的文化成为充满感官刺激、欲望和无规则游戏的庸俗文化。”[①]实践证明，至少就今日而言，赫胥黎是对的。

---

① （美）尼尔・波兹曼 . 娱乐至死 . 章艳，吴燕莛译 . 桂林：广西师范大学出版社，2004：2.

互联网时代新的技术和文化是否会使这一切有所改观，至今仍是未知之数。短期看，新的媒介形式进一步强化了资本——媒体共同体的力量，使得社会的娱乐化程度更趋严重。并且，过量化的信息很可能会和过量化的消费和娱乐一样，成为新的社会问题。但从长期来看，互联网很可能会从根本上改变整个社会关系结构，一个更充分的碎片化、个人化的社会也未尝不会成为整个社会摆脱过度化的消费和娱乐的一个契机。一个也许不太恰当的例子是：柯布西耶希望人们在闲暇时回到家中；当代的消费观念促使人们离开家，用消费和娱乐填充闲暇；那么，如果技术存在使人们一劳永逸地回到家中的可能的话（如前文“宅文化与公共生活的萎缩”一节所述），这是否可能是柯布西耶所乐于见到的呢？

5.6 旅游时代

这个时代过度消费化和娱乐化的闲暇社会最大的表征之一，就是旅游活动的极度膨胀。旅游产业在全球产业结构中正占据着越来越重要的地位，据统计，2011年全球出境游人次约9.8亿人次，旅游业对全球GDP的贡献率达到9.1%（同期汽车制造业占8.5%，银行业占11%），旅游就业2.58亿人次，占全球就业总数的8.3%。[①] 2010年召开的第十届世界旅游旅行大会更是直接将主题确定为“旅游，世界第一大产业，迈向新领域”。另一方面，旅游行为的文化意义也得到了刻意地提升，拥有足以支持旅游活动的富余金钱和闲暇时间成为城市中产阶层的重要标志之一。并且，相对于其他更为物质化的阶层标志来说，他们也更乐于展示这一点。正如保罗·福塞尔在《格调》一书中不无讽刺地指出的：“观光业深为中产阶层喜爱，因为他们能够从中‘买到感觉’，如C·赖特·米尔斯所说的‘哪怕只是很短的时间，更高阶层的感觉。’……比起住房、汽车或其他显眼的地方性消费项目，中产阶级更嫉妒更高阶层的出外旅游。理查德·卜科尔曼和李·雷沃特在他们的作品《美国的社会阶层》中发现，这种嫉妒不止是经济上的——还是‘文化上的’：上层人物对遥远地域的经验‘象征了文化上的优越地位，’上层人的旅游习惯‘似乎表明，游客已经在这种环境背景中感到很舒适了，或者他的感觉正在变得越来越如此。’”[②]一个例子是，在FACEBOOK、微博之类的社交媒体上，更多的人愿意去展示他们的旅游经历，而不是炫耀购物的成果。

作为闲暇文化最重要的活动模式，旅游已经成为当代甚至未来相当长时期内最重要的公共活动。从某种意义上，假如我们认同时间和频率仍可以作为区分日常性活动和仪式性活动的重要标准的话，那么可以认为旅游正在甚至已经从一种仪式性活动变成日常性活动，或者说，已经成为人的基本生活需要和行为方式之一。

---

① 世界旅游组织及中国国家旅游局数据。

② （美）保罗·福塞尔．格调：社会等级与生活品味．梁丽真等译．北京：中国社会科学出版社，1998：153.

这个结论实际上是相当值得质疑的，因为其实很难清楚地说明旅游行为到底满足了人的什么需求。也许部分审美型、探险型的和休闲度假型的旅游活动是容易理解的，但相当多的以“到过”为目的的旅游并不能从传统的需求研究的角度去理解——旅游实际上是一种特殊形态的公共活动，以单纯的体验而不是任何实用性为目的。一些研究者试图用一种浪漫化的方式去证明这种对体验性的追求和人的某些深层次的心理需求有关。但也许更为接近真实的解释是这贴近了消费时代一种以“多”为特征的经济诉求和文化诉求：更多的商品、更多的娱乐、更多的体验、更多的空间、更多的地点、更多的信息……对数量的追求已经从手段变成了目的。

从传统时代害怕离开故乡的对“地点”的焦虑，到汽车时代对“速度”的焦虑，这是人类心理需求的一次重要转向。人脱离了对地点的依赖，开始习惯流浪的生活，空间得到了拓展，这也是现代性的重要体现。但是现在这个问题正在走向它的反面，对空间无尽的渴求已经很难被认为是现代性的自然延伸。旅游活动的无限膨胀与其说体现了对空间的焦虑，不如说体现的是对“数量”的焦虑。

当旅游活动从经济核算和人的需求角度膨胀到城市必须对其给予单独的关注和回应的时候，就意味着将会对一些传统的城市结构和空间规则形成挑战。在前文曾经提及旅游消费导致的城市主题公园化现象，这很大程度上来自于市民城市和旅游者城市不同的评价规则体系：对于市民来说，对城市的评价遵循所谓“木桶效应”：木桶的盛水量是由最短的那一块木板决定的，即使是非常细小方面的缺陷也有可能因为对日常生活造成的持续的不便而严重降低市民对城市的评价。反之，对于旅游者来说，城市的大多数要素根本不在其所关注之列，即使能够体会到不便也会被视为旅游行为所必然要付出的代价而被忽略。而旅游者真正关注的是城市最优秀、最有别于其他城市的方面，这种特色才是城市对旅游者的吸引力所在。因此，对于旅游者来说，城市这只木桶的盛水量是由最长的一块木板决定的（其他木板的长度，只要不是太短，能维持基本的对旅游活动的支撑即可）。旅游评价体系的这种特点会加剧旅游城市的功能单一化：对于致力于吸引旅游者的城市来说，强化单一优势要比去弥补短板来得有效率的多。

对于城市来说，旅游者是一类特殊的城市人群。与城市中的居民不同，旅游者对城市的体验不是日常性的、可重复的，而是非日常性的、不可重复的。并且，旅游者会带着一种刻意的心态去体验城市，对于他们来说，城市空间品质并非是人类行为的可有可无的背景，而是行为的目的本身。因为旅游本就是以视觉体验为主体的体验行为。

在旅游者眼中，城市空间的优劣往往被极端化。那些纪念性的、景观性的、作为旅游行为的直接目的的建筑，得到旅游者主要的关注，而城市中的其他建筑则可以被视而不见。（有意思的是，尽管旅游者的旅途中在旅馆、餐馆等服务性建筑中花费的时间未必少于旅游行为本身的时间，但这些建筑很少成为旅游者关注的对象。事实上，很少有旅游者会对其所居住的旅馆留下特别深刻的印象，除非这种居住刻意地成为旅游行为本身的一部分（例如海景度假酒店）。总而言之，在旅游行为中，目的性往往决定了一切）。那些与旅游行为无关的建筑，对于旅游者来说实际上是不存在的。如果让旅游者绘制他们心目中的城市意象地图的话，得到的结果基本上是一些旅游景观建筑的连缀，其他的部分被完全地忽略。实际上，很多城市的旅游地图就是绘制成这个样子的（图 5–3）。

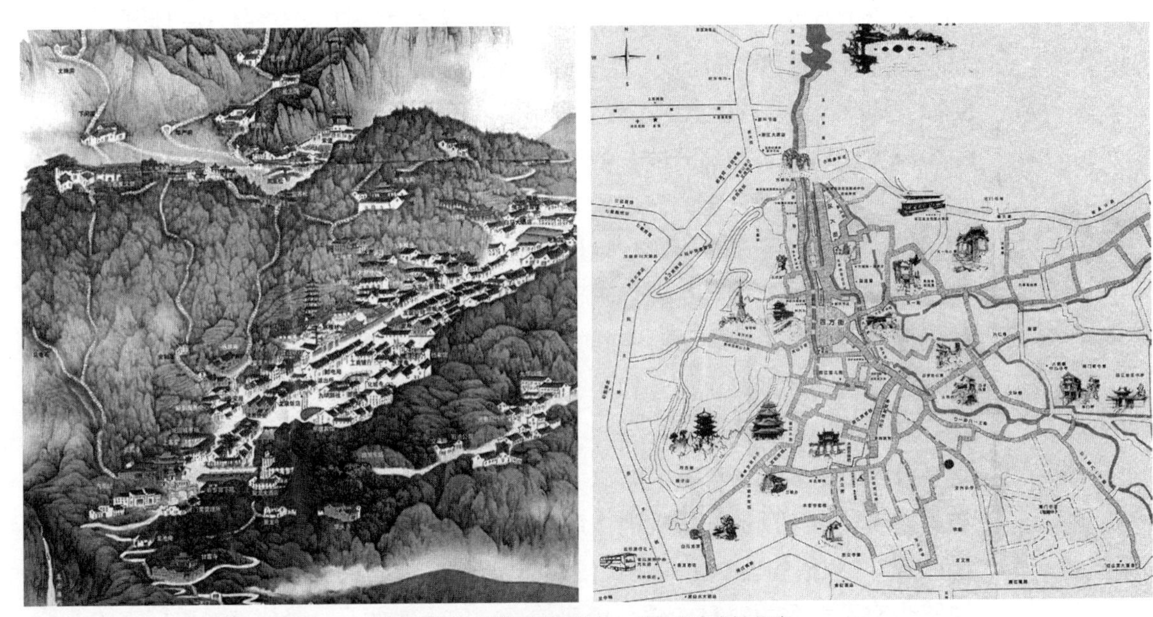

旅游地图：旅游景观被强化，其他的内容被忽略
（图片来自九华山旅游地图和丽江旅游地图）

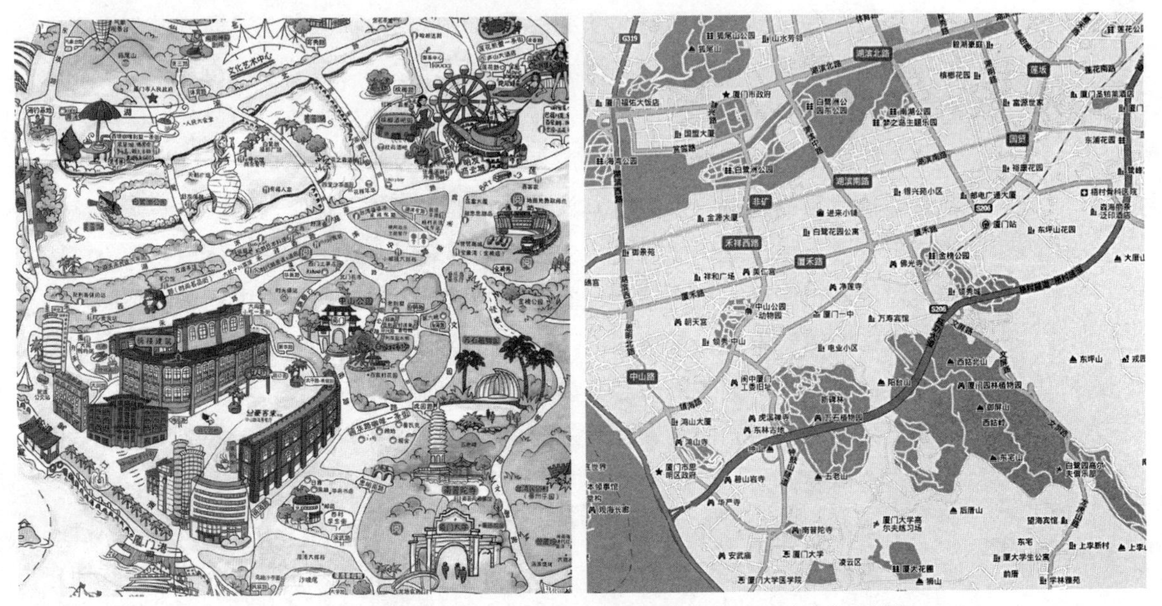

厦门市区同样区域在不同地图上的表现：左为手绘旅游地图，右为普通地图
（图片来自厦门手绘旅游地图和百度地图）

图 5–3　旅游者眼中的城市意象

旅游地图体现了旅游者心目中的城市意象：旅游景观建筑被强化成为城市的主体，其他的部分则被弱化甚至完全忽略。

同样作为欣赏、体验性的公共活动，旅游在互联网和虚拟化时代受到的挑战远没有诸如参观博物馆或者听音乐会之类的行为那么大。尽管未来想达成身临其境程度的体验在技术上并非没有可能，但正如前文所言旅游行为的终极目的在于“到过”的心理体验，其他的诸如视觉的享受、身心的愉悦、知识的获取等更多地不过是为旅游行为本身提供了更充分的理由而已。对于相当一部分旅游者来说（而且也许恰恰是构成了旅游产业主导消费群体的那一部分），“到过”这种事项的意义就如同收藏癖般多少带有强迫症式的心理愉悦（一个极端的例子是在世博会的各个展馆排队仅仅为了加盖纪念章的所谓参观者）。并且，互联网特别是移动互联网和数字影像设备提供的即时的信息分享机制一定程度上强化了这种愉悦感。

5.7　东方世界的独特性

本书中一直在刻意地回避关于“地域性”的话题，一个主要原因是在我们看来，就本书讨论的范畴而言，当代城市之间不存在地域造成的“本质性的”差异。但是，在此仍有必要花费一些篇幅对本章涉及的一些观念在东西方之间的差异进行简要的探讨。这些观念的差异尽管细小，但是通过长期潜移默化的影响，还是有可能在一定的阶段使得城市生活的形态产生显著的差别。此外，需要明确的是，这里提到的东方，是狭义意义上的东方，就文化所具有的代表性而言，主要以中国、日本为主要讨论对象。

首先，受长期儒家文化影响，当代东方社会的社会结构以家庭本位为主，血缘亲缘是最为重要的社会关系，西方社会则是以个人本位为主，社会关系中权利义务关系占有相当大的比重。（这种差异在现代社会中不仅没有减弱，一定程度上反而体现得更加明显，这部分是因为西方社会以夫妻关系为基础的家庭关系随着宗教影响的减弱和性解放运动的冲击而更趋弱化，东方社会以父子关系为核心的家庭关系受到的影响相对要小得多），这使得家庭而不是个人成为东方社会的基本社会单元。亨利・梭罗在谈到城市生活的时候曾经说：“城市是一个几百万人一起孤独地生活的地方。”如果说这句话表达了西方城市社会的某种社会关系和结构问题的话，那么这个问题在东方社会中则不可能以同样的形式存在。

对于城市公共生活来说，如果说在西方社会中个体与他人、公共性与私密性、公共生活与个人生活之间有着清晰的分野的话，那么在东方社会，这种明确的边界其实是不存在的。在个体与他人之间存在着“家人”，在公共生活和个人生活之间则存在着家庭生活。这种性质很难准确界定的家庭生活实际上成为个人生活与公共生活之间的缓冲，使得个人生活和公共生活之间的矛盾表现得不那么尖锐，同时降低了个人对城市公共活动的依赖。这在一定程度上导致了东方人对于城市公共活动，特别是偶发性的公共活动，一直没有表现出西方人的那种异乎寻常的热爱。亲缘关系及其衍生出的私人关系网络在社会关系中的重要性，使东方社会成为一个“熟人社会”[①]而不是“陌生人社会”，人们在公共活动中更倾向于和熟悉的人而不是陌生人在一起，更倾向于功能性、目的性活动而不是体验性、偶发性活动。

一个与前文的内容相关的例子是，这种社会结构和关系的差异是在一定程度上导致了购物行为在东方城市的公共生活中所占的地位不如在西方世界那么重要的原因之一（当然，我们在此所指的购物，是指如前文所说融合了体验性、交往性的复合活动，并不仅仅指商品交易行为本身）。这一位置的替代者是餐饮活动。在东方城市中，餐饮是具有强烈文化意味的活动，正如同购物活动在西方城市中所具有的文化意义一样。除了传统上对精致美食的追求外，餐饮活动的主要意义来自于伴随进行的交往活动。发生在餐桌上的，基于熟人关系的交往活动，是东方社会最为基本、最为重要的交往活动，也是城市公共活动最重要的形式之一，并且在很大程度上影响着整个社会关系和社会结构。在当代，虽然东方社会中家庭本位的情况正逐渐得到改观，新一代的年轻人有着越来越强烈的个人意识，但餐饮活动的这种重要意义似乎并没有被削弱，这反映出固化了文化意义的公共活动在社会变革中所具有的稳定性。

家庭作为个人与社会中介的存在，缓和了公共性和私密性的冲突。这使得东方城市中私密性空间和公共性空间之间的边界处于模糊和暧昧的状态。在家庭内部，成员之间彼此的私密性大多数情况下并不受到重视，相应地，家庭公共空间和私人空间之间的界限也不被刻意地强调，空间的通用性和可变性程度都较西方的住宅空间来得更高。这在一定程度上影响了对城市空间中私密性和公共性的清晰界定，形成了介于两者之间暧昧不明的灰色地带。这种灰色地带在城市空间中占有相当重要的地位，是很多公共活动发生的场所，并且在很多情况下，人们更乐于在这样的空间而不是那些公共性更强的空间中进行公共活动。

5.8 不合时宜的建筑狂欢

关于互联网和虚拟空间最终将在何种程度上改变未来的建筑和城市空间，至今还没有能够得到明确的回答。但在一些具体的方面，改变无疑已经正在发生，一个典型的例子是前文提到的某些类型空间的虚拟化进程。对于图书馆、美术馆、博物馆、影剧院、音乐厅这一类建筑来说，其功能中相当大的一部分将为虚拟体验技术所取代。尽管这并不意味着这一类建筑将会彻底消失（对“真实性”的追求具有超越功能的心理和文化意义，这决定了虚拟技术所带来的感官体验在相当长的时期内不可能完全取代真实体验），但无疑从规模和数量来说城市生活对这

① 费孝通．乡土中国．北京：北京出版社，2005：6.

类空间的需求趋势是逐渐降低的。对于城市化完成程度较高的城市来说，已有的文化类设施一般完全能够满足城市现有的需求，并无继续建设此类建筑的需要；而对于正处于城市化进程中的城市来说，对这一类建设也应该采取审慎的态度，充分评估未来需求有可能发生的变化。

然而，现实的情况却恰恰相反。在东亚和西亚一些快速城市化国家的城市中，兴建大型文化设施甚至城市文化中心正在形成一股热潮。即使在欧洲和美国那些城市建设基本处于停滞状态的城市中，也不乏这一类项目的建设，虽然总体数量远远无法与前者相比，但相对于城市建设的总体规模来说仍然是令人吃惊的。并且，这一类建设项目普遍具有较大的规模，较高的投资，往往邀请明星建筑师设计，采用有强烈个性的建筑形式。这使得这些建筑往往具有鲜明的特征和较强的影响力，成为区域甚至整个城市的地标。这实际上形成了一个悖论：这些本不必需，甚至从功能类型上趋于没落的建筑，占据着城市舞台上最具影响力的位置，并且吸引着建筑界和整个社会的目光。

导致这种现象的原因是多方面的。首先，在近代以来的城市发展中，兴建大型文化性公共建筑已经成为一种习惯。这种历史惯性根深蒂固地沉淀在城市管理者和居民的头脑中。对管理者来说，文化性公共设施具有政治上的正确性，容易为执政者赢得市民的支持，同时，相对持久的功能和较高的建设质量（当然同时也意味着较高的造价）使建筑能够长久地成为建设者的丰碑。对于市民来说，更多的文化性公共设施能够带来显而易见的便利。对于城市来说，优秀的大型文化建筑，能够激发市民的自豪感，塑造良好的城市形象。因此，从乔治·欧仁·奥斯曼的巴黎大改造一直到当代的北京，大型文化性公共建筑的建设被作为城市乃至整个国家经济发展、社会进步、文化复兴的标志已经成为一种传统。

其次，对于当代很多面临产业转型的城市或城市区域来说，大型文化设施的建设被视为城市转型的开端和契机。最典型的例子之一就是西班牙毕尔巴鄂的古根海姆博物馆。作为巴斯克邦政府旨在把毕尔巴鄂从以矿产、钢铁和船运业为主的工业城市转型成为以服务业为主导的，具有文化吸引力的“后工业城市”的大规模基础设施建设和城市复兴计划的重要组成部分，这样一座建筑的顺利建成和其后得到的来自游客与媒体的热烈反响和好评，使城市重新赢得了曾经一度丧失的信心——来自市民、游客和投资者的信心，正是在这个意义上，博物馆的建成，被视为毕尔巴鄂城市转型的里程碑。从建筑所承载的内涵来看，一方面，巴斯克邦政府在宣传中刻意地赋予了建筑以“国际性的当代艺术中心”和“城市复兴的标志”的商标；另一方面，弗兰克·盖里作为知名建筑师的明星效应和招牌式的设计手法本身也使建筑本身就成为了一个“事件”，一个有着充分的可意象性的富含历史与文化意义的事件。正是这一系列因素的叠加，使得古根海姆博物馆这幢面积仅有两万多平方米的建筑对城市的意义被放大到了无以复加的地步。从这个角度，古根海姆博物馆高昂的投资、怪异的建筑造型就都变得可以理解甚至自然而然了。古根海姆博物馆在毕尔巴鄂城市转型过程中的成功树立了一个样板，近年来欧洲很多大型文化设施的建设或多或少带有类似的目的。

此外，一个也许同样重要的原因在于在当代社会中建筑作为一种广义意义上的消费品的特质。在一个泛消费化的社会中，除了一般意义上的商品，思想、文化、艺术、情感皆可成为被消费的对象。对于建筑来说，除了作为工程产品自身的功能、艺术价值外，也因其与城市、社会、文化的普遍意义的联系而具有了额外的消费价值，并被纳入到广泛的社会消费网络中来。具体地说，从项目的策划、建筑师和设计方案的选择，到建筑行为的实施、落成、使用，整个的建设过程，皆被视为可作为信息或图像消费的对象。媒体的作用推动了这一点，新的媒体大大强化了视觉信息作用的速度和范围，同时媒体的视角也发生了显著的变化：传统情况下，建筑杂志对建筑项目的报道主要集中在建筑建成之后，而在今天则拓展到整个建设过程。重要的建筑项目或者知名建筑师的作品从设计方案阶段开始就得到关注，建设过程中的细节被持续地呈现在公众面前，尽管这降低了建筑成品突然呈现出来带给人的惊喜（这种惊喜的缺失一定程度上解释了当代缺乏得到公认的伟大作品的原因），但确实使得整个建筑过程中的技术细节以及八卦故事被清晰地呈现出来（这一点在诸如奥运会场馆工程和“9·11 事件”后纽约世贸中心的重建等社会影响力和象征意义巨大的项目中得到了淋漓尽致地体现）。当代建筑的价值，不仅仅是使用功能和建筑艺术，而是上述所有细节和过程所组成的全方位的价值系统。这一价值系统的建构过程，和当代诸种文化、艺术、事件价值系统的建构遵循同样的逻辑和结构，共同组成整个社会的符号化、图像化、奇观化的消费系统。正如前文所指出的，在当代社会，作为人类造物的建筑，避免不了被奇观化的命运。建筑作为一种图像被认知，作为一种商品被消费，是整个奇观化的社会的一个组成部分。大型文化性公共建筑由于其与社会文化的紧密联系和在公众中的影响程度，所具有的符号和图像意义便显得格外突出，因而成为最具奇观价值的建筑类型之一。而社会对于图像和奇观价值无止境的需求，使得即使这一类建筑在功能上并不成为必需，但其建造行为仍然不会被终止。同时，对符号与图像的消费性的追求，也使得建筑的造型和空间极力追求与众不同，造成这一类建筑的形式趋于怪异化。

那么，在围绕建筑本体的消费价值系统建构的过程中，建筑师扮演着什么样的角色呢？一些建筑师和理论家对今天的社会和职业状况有着清醒的认识，并试图通过理论和实践的努力对此作出对抗。对理论家们来说，这种努力体现在对消费社会和奇观建筑的批判（前文提到的肯尼思·弗兰姆普敦和亚历山大·楚尼斯就是其中的代表）；对建筑师来说，则体现为从学术的角度出发，拒斥流行的、商业化的设计手法，对所参与建筑项目的性质、规模等进行选择，甚至对某些项目拒绝参与。但是，这种批判与对抗的有效性其实是非常值得怀疑的，特别是希望仅仅依靠某种建筑形式或者设计方法上的努力（比如地域性或者建构）去改变作为建筑领域若干问题基本背景的社会文化现实无疑只是一种近乎单纯的理想。并且，对于大多数建筑师来说，对职业成功的追求使其不可避免地对社会和行业现实作出妥协，甚至作出主动的调整和适应。因此，从总体上看，今天整个建筑师职业正在被日益强有力地整合进社会的消费网络中去，并且成为建筑消费价值系统中的核心环节。与之相对应的，当代建筑师的培养与评价体系，也出现了与消费至上的社会文化相适应的变化，即所谓明星建筑师机制。

我们认为，明星建筑师这个称谓与其说是一种比喻，不如说是对这个时代建筑师职业状况最为精确的概括。实际上，今天，建筑师中间的佼佼者们，与那些演艺界或者体育界的明星们并不存在本质的区别。与传统的建筑师仅仅通过作品来表达自己不同，思想、言论、工作方式甚至个人生活，都会成为媒体和公众关注的对象。他们的工作不再仅仅限于拿着铅笔勾勒设计方案，更包括（甚至更为重要）接受采访、展览、演讲、参加时尚活动、代言商品广告。各类专业媒体和公共媒体在明星建筑师的打造中起到了重要的作用，它们按照“制造”演艺明星的程序来“制造”建筑明星。这使得建筑师成名的年龄趋于年轻化，对于建筑师这样一个中老年化的职业来说在传统时期这是不可想象的。建筑师、媒体（包括传统媒体和新媒体）、策展人、地产开发商、艺术博物馆等力量保持着默契，共同推动着这一机制高效而持续地运转。

作为商业上最为成功的建筑师之一，雷姆・库哈斯无疑是最清楚地洞悉了这个时代的建筑师职业机制和社会文化机制并且乐在其中的人。在其代表作西雅图中央图书馆中，清晰地呈现出这个时代的建筑师面对市场化力量时的一种典型态度。一方面，库哈斯在设计文本中对图书馆这种建筑类型的历史演变以及今日图书馆的价值问题作出了堪称精彩的分析，这样的分析会使人觉得对这个项目问题的最佳解答就是取消这个项目。但是接下来建筑师笔锋一转，给出了自己的设计解答：在全新的对建筑功能和社会文化功能的理解上的建筑解决方案。最终的设计方案体现了设计逻辑的矛盾之处：在设计结果和分析之间确实存在着逻辑上的一致性，并且这种一致性是以一种富于创造性的方式实现的。但同时，这种逻辑是模糊的、混乱的、似是而非的。也许我们可以这样说：西雅图中央图书馆不是一个好建筑，但却是一个聪明的建筑。这种聪明体现了在这个时代，建筑师在职业素养和商业成功之间所能作出的最富于智慧的妥协（尽管这种智慧的受益者可能只在于建筑师本人而非这个城市）。一个更近期的例子是台北艺术中心的设计，在一个和西雅图中央图书馆性质类似的项目中，库哈斯采取了类似的策略，给出了近似的答案：聪明，但也许是不负责任的答案。在这些例子中，我们也许可以看出在当代最优秀的建筑师的思维中近乎分裂的一面。

尽管在以上用了相当的篇幅来阐述了这场建筑狂欢的理由，并且本书也无意站在职业伦理或者学术的高度来否定这些理由的合理性，但正如上述对库哈斯的两个作品的评价——聪明，但或许不负责任——一样，我们认为，即使再充分的理由也无法掩盖，这场由建筑师、媒体、地产开发商、城市管理者共同导演的建筑喜剧的荒诞性。并且，在这出戏剧中，每个参加者都认识到了这种荒诞性，但出于利益的考量却同时在认真（或者装作认真）地扮演着自身的角色。我们并不像一些悲观主义者一样认为这正在制造着大量的建筑垃圾，同时也不相信诸如"建筑学的终结"这样的煽动性词汇[①]。但在我们看来，这场狂欢是不可持久的，并且这种荒诞性本身已经带有强烈的末世情绪，似乎在某个时候，这一切会以某种方式戛然而止，这场最后的建筑狂欢将会终结。

① 讽刺的是，从另一个角度看，雷姆·库哈斯恰恰是这种论调的极力鼓吹者之一。在 2000 年普利茨克奖颁奖仪式上的演讲中，库哈斯指出："……在数十年，也许近百年来，我们建筑学遭遇了到了极其强大的竞争……我们在真实世界难以想象的社区正在虚拟空间中蓬勃发展。我们试图在大地上维持的区域和界限正在以无从察觉的方式合并、转型、进入一个更直接、更迷人和更灵活的领域——电子领域……我们仍沉浸在砂浆的死海中。如果我们不能将我们自身从'永恒'中解放出来，转而思考更急迫，更当下的新问题，建筑学不会持续到 2050 年。"

第6章　功能的重新界定：轻建筑

既然我们认为不合时宜的建筑狂欢终将被结束，那么未来的（更确切地说，在不久的将来，因为我们并无意去推测一百年甚至更为遥远的将来的建筑和城市图景。不过为了叙述的简要，我们暂时仍采用“未来”这个不甚准确的界定）建筑将走向何方呢？虽然历史的经验告诉我们，类似的预测是非常危险的，随着时间的推进，这种预言往往最终成为一个笑话。但是，建筑是城市最为基本的要素。作为对今日的城市生活与城市空间的探讨，不可能避开建筑这个最为基本的层面。在这一章中，我们将试着去描述我们心目中未来建筑的理想状态。之所以称之为“理想状态”是因为，尽管对于这样的描述在可预期的未来能够成为现实并没有笃定的确信，但是在我们看来，这种描述如果能够实现，将意味着一个更好的城市的未来。

6.1　轻逸时代

试图用一、两个特定的概念准确地概括未来建筑的特征是非常困难的，即使在我们对于这种特征已经有了较为清晰的认知的情况下仍是如此。这很大程度上是因为用以界定建筑特征的语汇的缺乏。事实上，从传统时期一直到现代主义时期，用以描述建筑概念内核的基本词汇库从没有发生过根本性的变化。这使得对这个时代的一些新的建筑特征的描述很难找到准确的词汇。因此，在此不得不从这个时代的其他文本中借用一些词语来解释我们的意图。并且我们认为，在当代社会的文化环境中，封闭性的词汇系统对于建筑学这样的专业来说其价值是值得怀疑的，毕竟当代的建筑学体系对社会的总体文化状况有着相当的依赖。

意大利文学家伊塔洛·卡尔维诺在《新千年文学备忘录》一书中用了“轻”和“重”这一对相对的概念来描述文学的特征。卡尔维诺指出：“数百年来文学中有两种对立的倾向在相互竞争：一种是试图把语言变成无重量的元素，它像一朵云那样飘浮在事物的上空，或者不如说，像微尘，或者更不如说，像脉冲磁场。另一种是试图赋予语言重量、密度，以及事物、形体和感觉的具体性。”[①]如果说卡尔维诺对“轻”的描述是含混的、难于把握的话，那么他对“重”的界定则是相对清晰、容易理解的。因此一个可行的理解方式是将“轻”理解为“重”的反

---

① （意）伊塔洛·卡尔维诺．新千年文学备忘录．黄灿然译．凤凰出版传媒集团，南京：译林出版社．2009：14.

面。在这个意义上，我们认为，卡尔维诺对这一对相对概念的描述不仅仅适用于文学，同样也适用于视觉艺术和建筑，乃至用于描述整个社会文化。特别地，在传统时期，在文学、艺术、建筑领域普遍地崇尚一种“重”的态度，“重”代表着作品中正确的观念、恰当的表达方式、严格的规范、严谨的创作态度以及充分的细节呈现等，几乎一切文学、艺术领域的美德都与“重”相关。在传统时代，“重”与“缓慢”相关，它既是缓慢的原因，也是其结果（卡尔维诺在《千年文学备忘录中》提到的另一对重要的观念正是“快”与“慢”）。在今天，“重”更多地体现为一种与学术传统或者文化传统之间的关联。意图挑战这种传统甚至仅仅是对这种传统进行扰动都是非常困难的，这恰恰是因为这种传统与文学、艺术内在规律的某种契合。对此，卡尔维诺有着非常准确而生动的描述：“当我开始我的写作生涯时，每个青年作家都有一个明确的迫切感，就是要表现他的时代。我满脑子良好的愿望，试图使自己与推动 21 世纪各种事件的那些无情的能量联系起来，不管是集体事件还是个人事件。我试图在推动我写作的那种富于冒险精神的、流浪汉小说式的内在节奏，与世界那乱作一团的、有时充满戏剧性有时充满怪诞感的奇观之间，找到某种平衡。很快我就意识到，在理应成为我的原材料的生活事实与我希望在写作中体现的轻逸笔触之间，存在着一条鸿沟，我必须付出日益巨大的努力去跨越它。也许到了那时候，我才渐渐意识到世界的重量、惯性和暧昧性——这种特质从一开始就如影随形紧跟着写作，除非你想办法躲避它。”①

尽管卡尔维诺不否认“重”的价值：“如果我们不能欣赏有一定重量的语言，我们也就无从欣赏语言之轻。”②但无疑他更为看重“轻”在今天这个时代应有的意义：“我的工作方法往往涉及减去重量。我努力消除重量，有时是消除人的重量，有时是消除天体的重量，有时是消除城市的重量；我尤其努力消除故事结构的重量和语言的重量。”③为了说明轻的概念，卡尔维诺援引了薄伽丘的《十日谈》中关于佛罗伦萨诗人圭多·卡瓦尔坎蒂的故事，并就此明确地表达了自己的倾向性：“如果让我来为新千年挑选一个吉祥的形象，我会挑选这个：这位诗人哲学家灵巧地一跃而起，使自己升至世界的重量至上，证明尽管他身体也有重力，他却拥有轻的秘诀，也证明很多人以为是时代的活力的东西——喧闹、咄咄逼人、加速和咆哮——属于死亡的王国，就像一个废车场。”④

对于建筑学来说，在漫长的传统中逐渐形成了一套完整的“重”的观念体系。坚固、实用、美观三位一体的价值体系、严谨的功能分析、清晰的结构和构造表现、适当的比例和尺度、精致的细部和装饰、明确的符号意义表达、与城市乃至社会文化的契合以及对更广泛意义上的政治、经济、文化、环境等要素的应答等

① （意）伊塔洛·卡尔维诺．新千年文学备忘录．黄灿然译．凤凰出版传媒集团，南京：译林出版社．2009：2.
② （意）伊塔洛·卡尔维诺．新千年文学备忘录．黄灿然译．凤凰出版传媒集团，南京：译林出版社．2009：14.
③ （意）伊塔洛·卡尔维诺．新千年文学备忘录．黄灿然译．凤凰出版传媒集团，南京：译林出版社．2009：1.
④ （意）伊塔洛·卡尔维诺．新千年文学备忘录．黄灿然译．凤凰出版传媒集团，南京：译林出版社．2009：11.

观念要素，构成了这个观念体系的基本内容，同时也是传统建筑学的价值体系的基本内容。这一观念体系在数千年中支持着建筑实践和理论的开展。并且，在可预期的将来，这仍然将是建筑学价值体系中的重要内容。

但另一方面，我们要问，在当前的社会和城市状况下，在新的信息技术引领的新的社会生活方式下，在以全球化和消费化为特征的文化情境下，在虚拟空间与实体空间并存并相互渗透的空间状况下，今天的建筑是否会和以往有一些真正的不同之处呢？相对于沉重的传统建筑学体系而言，今天是否存在着达到一种更为“轻逸”的建筑学的可能呢？

我们认为，要赋予建筑学这种“轻逸”的特质，需要逐一消解前述那些被建筑学视为内核的要素。因为这些要素在支撑着传统建筑学的核心价值体系的同时，也已经成为束缚建筑学的沉重枷锁。当然，这里所说的消解，并非要彻底取消这些要素在建筑学体系中的地位，而只是希望说明：对于今天的建筑和城市来说，这些要素并非如以往那样完全不可或缺。

6.2　消解：批判性与社会理想

在建筑之上寄予某种社会理想，是什么时候才有的事情呢？或者说诸如“建筑或者革命”[①]和“抵抗建筑学”这一类观念在历史上是否具有普遍性呢？如果将宗教视为特定历史时期的一种社会理想的话，那么这种理念也许需要向前追溯到相当久远以前。但是，虽然宗教建筑是历史最为悠久的建筑类型之一，但至少在早期的西方社会，宗教建筑实际上更多的是被作为一种功能性空间而不是象征性空间，是神灵栖居或者信徒举行祭祀的所在。在古希腊，神灵的本质实际上更接近于拥有强大力量的人，同样具有人的优点、缺点和喜怒哀乐，神的世界并不比凡人的世界显得更有优越感。在这种情况下，神庙等宗教建筑实际上缺乏真正的形而上的意义（相对来说，反而是诸如柏拉图的《理想国》[②]之类带有乌托邦色彩的作品中，体现出将社会理想具象化为特定的空间形态的思路）。至于罗马时期，从维特鲁威的描述中并无法看出在建筑中表达社会理念——无论是宗教理念还是某种世俗的社会理想——是那个时期建筑师所追求的东西。[③]在建筑中明确地、大规模地体现出对表达社会理念的需要，是从中世纪开始的。宗教力量对人的精神世界和社会生活全方位的支配，不可避免地体现在建筑和城市当中。哥特式教堂高耸的建筑形式，城市结构中教堂、修道院等建筑的显赫位置，都体现着以宗教为主体的权力关系和社会文化。

在这个时期，建筑对于社会理念的呈现还仅仅是停留在视觉方面，即通过建

---

① （法）勒·柯布西耶．走向新建筑．陈志华译．天津：天津科学技术出版社，1998.
② （古希腊）柏拉图．理想国．吴献书译．上海：生活·读书·新知三联书店，2009.
③ （古罗马）维特鲁威．建筑十书．高履泰译．北京：知识产权出版社．2001.

筑和城市的形态来对抽象的理念进行具象化（这一点相类似的是传统时期的东方世界，特别是在古代中国，城市和建筑形态一直被视为对理想的社会秩序的表达）。从文艺复兴时期开始，西方社会的世俗观念和人本思想逐渐复苏，社会思想进入了空前的活跃时期。并且，很重要的一点是，从这时开始，思想不再被局限于学园或教会之中并为少数精英所垄断。对社会、对现实、对文化的思考成为所有社会阶层特别是作为社会中坚力量的中产阶层（在文艺复兴及其后的相当长的时期里并不存在现代意义上的中产阶级，但随着商人阶层和贵族阶层的壮大和社会财富的快速积累，的确形成了一个有一定规模的、稳定、世俗化并且抱有社会责任感的社会中上阶层。这个比例不断增大的中间阶层的存在和在社会生活中影响力的扩大，一定程度上成为社会思想、文化、文学和艺术渐趋兴盛的基础）的共识。正是在这样的基础上，各个专业领域形成了普遍的对社会问题的关注，并尝试在自身的专业范畴给出对这些问题的解答。于是可以看到，从这个时期开始，在文学、艺术和科学、技术领域都开始出现了以反映或解决社会问题为导向的倾向。

这种倾向在18世纪启蒙运动时期达到了一个高峰。一方面启蒙思想对理性、公正、平等观念的追求，使得精英阶层对社会问题的关注成为时代的精神；另一方面，工业革命使社会生产进入到大机器时代，在社会财富迅速增加的同时，社会的等级分化和对立也变得日益严重，数量庞大的工人阶级生活环境恶劣，成为社会矛盾集中的所在。在这种情况下，反映早期资本主义的社会矛盾成为那一时期文学和艺术的主流价值取向之一。在建筑和城市研究领域，建筑师们开始关注和思考工业化条件下的城市问题和解决之道，特别是在城市迅速膨胀的情况下如何解决大量工人阶级的居住问题，开始成为重要的建筑议题。

对城市居住问题的关注不仅存在于建筑和城市学界内部。实际上，在19世纪，盛行的空想社会主义思想中，多多少少都将新的城市规划作为解决社会问题最重要的手段之一。其中的典型代表罗伯特·欧文的“新和谐公社”甚至已经完成了相当程度的城市实践。而这种将社会理想的乌托邦付诸于城市实践的集大成者，则是埃比尼泽·霍华德的“田园城市”。尽管霍华德在田园城市理论中具体地对他心目中理想的城市视觉形态进行了描述，但他的重点其实并不在于城市形态本身，而在于蕴涵在城市结构和形态背后的社会理想（实际上，这本书第一版的书名就是《明日：一条通向真正改革的和平之路》，作者的初衷可见一斑）。[①]

而在建筑学领域，核心的问题则是城市公共集合住宅的规划和设计问题，这种在18世纪工业革命后出于解决产业城市中工人居住问题的目的而产生的建筑类型，因其与社会经济和政治问题千丝万缕的联系而成为建筑师所关注的对象。这种关注在20世纪上半叶的现代主义建筑运动中达到了顶峰。以勒·柯布西耶为代表的现代主义建筑师们，将集合住宅视为将建筑学与更广泛范围内的社会相

① （英）埃比尼泽·霍华德．明日的田园城市．金经元译．北京：商务印书馆，2000.

联系的核心问题，期望借助新技术和新机器提供的新建造方式实现住宅的工业化，进而通过廉价而迅速地建设足够数量、居住条件舒适的集合住宅来缓和甚至解决日益尖锐的社会冲突。这种带有鲜明左翼色彩的社会理想构成了早期的现代主义运动的基本背景。并且，也只有在理解这种社会理念的基础上才能理解诸如柯布西耶的巴黎中心区改造计划（伏瓦生规划）这样看似疯狂的建筑和城市形式所代表的真正意义。

现代主义建筑和城市运动见证了一个时代，在这个时代，建筑师和城市规划师们充满理想、信心和激情，坚信自己的职业能够改变社会，使社会变得更好。但是，随着社会经济状况的变化、全社会范围内左翼理想的失势，这种激情也从建筑和城市领域的理论和实践中逐渐退却。实际上，现代主义运动将建筑师的社会理想推到顶峰的同时，也成了这一观念的最后绝唱。现代主义运动之后，将学科的发展方向与广泛的社会状况相联系不再成为建筑界主流的选择。与 20 世纪中后期的社会文化状况相适应，建筑学对社会的反应更多地体现为批判性。

这种批判性与从启蒙运动到现代主义运动时期的社会批判不同，更多地体现为一种文化批判，即认为建筑应对社会的文化状况做出反映和应对。一定程度上，这意味着建筑师和理论家们承认了现有建筑学实践体系在应对社会问题上的无能为力，从而退回到从一种文化层面对社会做出较低烈度的反应。也许正是由于放弃了对于建筑学在实践领域更深入地介入社会问题的可能性的探讨，在这种批判性领域，相对于更广泛的文化和艺术学科，建筑学并没有真正发出自己的声音。因此，这个时期的建筑学研究中的批判性毫无新意地指向晚期资本主义社会文化批判的主流领域：消费化、全球化、媒体、图像以及奇观之类。并且，更为致命的是，这种批判性没有为重构建筑学与社会现实之间的健康的联系提供任何积极的建议。正如在肯尼思・弗兰姆普敦的“抵抗建筑学”或者亚历山大・楚尼斯的“批判性地域主义”之类的批判性理论中所看到的那样，我们实际上很难确定这种“批判性”究竟是拉近了还是进一步疏远了建筑学与社会现实之间的距离。此外，这种批判性过于流于泛泛的文化讨论从而远离了基本的建筑实践，在这个过程中批判的发起者更多地将自身放在更为广泛的知识分子的意义上胜于作为建筑师的身份，一个证明是这一类批判理论的代表人物基本都是弗兰姆普敦和楚尼斯这一类理论家和历史学家而不是职业建筑师。与之形成鲜明对照的是，在现代主义运动中，最为坚定的社会理念的鼓吹者同时也是那个时代最优秀的建筑师。

也许正是出于对这种批判性的失望，一些建筑师选择了另一种形式的批判，将建筑形式语言的自主性作为将建筑与日益消费化的社会文化划清界限的手段。作为为数不多的在批判理论和建筑实践上均有不俗建树的建筑师，彼得・艾森曼的形式语言研究正是这种批判性的典型代表。在艾森曼看来，坚持建筑语言的自主性，拒绝流行的消费文化对建筑创作的侵扰，就是这个时代建筑表达自身立场，对抗晚期资本主义商业文化的最佳方式。弗兰姆普敦在近些年对于“建构”问题的关注，很大程度上也带有通过对建筑本体的回归来推动其“抵抗建筑学”的意味。相对于社会文化批判来说，这类建筑本体语言的批判在与社会的联系上表现为进一步的后退，形式语言的操作者对社会现实问题表现出疏远甚至拒斥。这使得形式语言批判所具有的实际批判意义已近于无，而仅仅表现为一种立场或者姿态的表达甚至自我欣赏。

因此，对于这种倒退，很多理论家抱持着批评的态度。意大利建筑理论家和历史学家曼弗雷多·塔夫里就是其中最尖锐的批评者之一。在其发表于《Oppositions》杂志第 3 期的一篇名为《闺房中的建筑学：批判的语言和语言的批判》(L’Architecture dans le Boudoir：The Language of Criticism and the Criticism of Language，后被收入《球体与迷宫——从皮拉内西到 20 世纪 70 年代的先锋派和建筑》一书）的文章中，[①]塔夫里尖刻地称这种远离了社会现实的建筑学观念为“闺房中的建筑学”。在塔夫里看来，20 世纪后半叶的很多建筑师丧失了他们的前辈所拥有的勇气和热情，丧失了对社会现实问题的关注，仅仅沉浸于所谓的自主形式的游戏。这意味着建筑师已经放弃了抵抗，甘愿地被整合进晚期资本主义社会的生产和消费浪潮中去。

塔夫里对于 20 世纪后半叶建筑界的理论和实践状况的洞见和批评让人很难否认。但另一方面也必须认识到，在消费文化浪潮无孔不入的冲击力之下，在社会批判大势已去，文化批判流于泛泛的情况下，建筑师在学术和商业之间所能拥有的回旋余地实际上是非常小的。并且，从建筑学自身的立场来看，被挟裹进商业消费文化潮流中与被挟裹进泛文化批判中很难说有什么实质性的区别或者说哪个更差（从这个意义上来说，尽管艾森曼等人被塔夫里激烈地批评为丧失批判性，但实际上比起弗兰姆普敦的所谓批判性来说也很难说来得更差)。在这种情况下，坚持这种不合作、不抵抗的独立姿态实际上不失为建筑师所能采取的在最低限度上维持学科自主性的一种比较现实的方式。最近二十多年来在建筑理论和实践中一定范围内的对建构问题的关注和回归建筑本体的倾向，在一定程度上是对这种状况的回应。

此外必须意识到，对于另外一些建筑师来说，社会理念和批判性并不属于建筑学的核心内容，对于他们来说，建筑学所涵盖的内容，就是我们一般称之为建筑本体的部分。他们当中的相当一部分人完全不关心理论家们关于建筑的社会价值、文化价值以及批判性的争吵，像传统的工匠一般工作，将建筑视为如同家具或者玻璃器皿般的手工制品（彼德·卒姆托和卡罗·斯卡帕是其中的典型代表）。

---

① Manfredo Tafuri. The Sphere and the Labyrinth：Avant-Gardes and Architecture from Piranesi to the 1970s. MIT Press，1987.

这一类建筑师的存在和工作，使一切鼓吹社会价值和批判性是建筑之所必需的理论都显得苍白（尽管这些建筑师中间的一部分也被理论家们贴上批判性的标签）。

以上对建筑领域中对社会理念表达的历史所作的简要回顾并非本文的目的所在。我们的目的在于由此指出：首先，尽管在相当长的时期中与社会理念的联系为建筑学提供了激动人心的内容，但从整个建筑学历史的长度来看，这种联系并不具有必然性。换言之，反映与回应社会状况并不天然就是建筑（或建筑师）的职责。其次，当代的社会状况和文化状况决定了建筑学在社会实践和批判性领域上总体上是无能为力的。从这个意义上来说，本节所提到的社会理想和批判性的消解并非是表达了我们的一种期待（从某种职业立场来说，我们承认这种消解是令人沮丧的），而是一种无奈的现实。

鉴于塔夫里的新左派立场，他对建筑学领域社会批判意识缺失的抨击甚至可以看做是左翼思想在建筑学领域的最后一次挣扎。从大的社会状况看，这不过是拉塞尔·雅各比在《最后的知识分子》中对当代左派知识分子脱离社会公众问题的指责的建筑学翻版，是左翼思想在社会实践甚至社会文化领域的全面退潮在建筑学领域中的体现。讽刺的是，当塔夫里指责先锋派（在这里塔夫里主要指的是那些具有传统左翼理想从而“本应”具有社会立场的先锋派）缺乏社会立场的同时，当代先锋派中最具有社会批判意识的建筑师之一——雷姆·库哈斯——却几乎表现出彻底的自由主义立场（关于库哈斯的政治立场，很多研究者认为还是略有偏左，但我们更倾向于认为他是个没有明确政治立场的人，而其在文化上的倾向更是和左翼知识分子的立场背道而驰）。一个也许更为讽刺的巧合是，如果说塔夫里的“闺房里的建筑学”的比喻代表了上一个时代的批判性建筑学的最后挣扎的话，那么今天这个时代的城市批判性的最恰当的代表也是一个与卧室有关的意象：《癫狂的纽约》的插图中卧室床上的摩天楼。[①]

此外，一个与本节的内容相关的问题是，在几乎放弃了传统的社会理想的情况下，近来建筑学似乎表现出对一种新的社会理想的迎合，即所谓生态主义。在过去的十年中，与能源效率和污染物排放相关的内容在建筑学媒体、会议、研讨、竞赛中占据了相当的比重。本书不想去对这场生态热潮作深入的探讨，而只是想回答这样一个问题：对生态问题的关注是否能够成为重建建筑学与社会现实关联的新契机？它能否成为建筑学领域的新社会理想呢？很遗憾，我们对此的回答是否定的。首先，迄今为止，已有的生态建筑技术都仅仅是既有技术成果在建筑工程中的简单移植而已，并没有真正“建筑学”意义上的生态解决方案产生。其次，也许更为重要的是，近来生态建筑这个话语已经出现了被泛文化化甚至形态化成为新的形态理由的倾向。我们认为，生态问题在微观层面是技术问题，在宏观层

① Rem Koolhaas. Delirious New York：A Retroactive Manifesto for Manhattan. Oxford University Press，1978.

面是经济问题。生态问题的解决，最终也将依赖技术和经济层面的解决方案。任何试图将生态上升为一种文化，甚至一种信仰的尝试，都不会在自身和社会现实之间建立任何有建设性的联系。

6.3 消解：符号与意义

在回归建筑本体的讨论之前，有必要再对建筑本体要素之外的附加意义做一个仔细的梳理。

首先，上面提到的对社会理念的承载和对社会现实的回应，是建筑最为重要的附加意义之一，这种意义虽然独立于建筑的本体要素之外，但其缘起仍在于建筑的功能属性本身，更接近于建筑功能在城市范围或者更大的社会范围内的外化和放大。因此，对于建筑的社会属性，即使反对对其必然性的刻意放大并且承认其在今天不可避免地被消解的现实，但我们仍然认为在相当长的时期内建筑的社会属性和批判性所得到的关注是合理的。正是基于这个理由，我们才会说，社会理想和批判性的消解并非是我们的一种期待，而是一种无奈的现实。

另一项重要的附加意义是建筑的叙事能力。在前文中曾经说过，相对于形态审美，叙事性审美对建筑和城市具有同等重要甚至可能更为深远的影响。尽管这种对于建筑的叙事性的要求最初仍是作为一种审美范畴，但是在其后长期的发展中逐渐被视为相对独立的建筑意义要素。建筑被要求具有“讲述”的能力，承载某种情节、记忆或者象征（请注意建筑的叙事性与社会理念之间的区别：首先前者指向建筑的审美向度而后者源自建筑的功能向度；其次，社会理念表现为对具有普遍性的社会现实问题的回应，而叙事性的范畴则相对多样化，它可以源自于一种普遍化的意义，但也有可能具有特定的范围；同时，对建筑的社会理念的理解，一般也在一定范围内具有一定的普遍性和共通性，否则往往意味着这种社会理念是有问题的，但对建筑叙事性的理解则具有相当的多样性。社会理想和叙事性在某些情况下可能表现出一定程度的重合——例如某些建筑的象征意义与社会功能的重合，但在大多数情况下，两者属于不同的范畴）。

叙事性的重要形式之一是建筑的纪念性。与前述建筑的社会伦理属性相对较短的历史不同，纪念性的历史要久远得多。在功能之外，塑造雕塑般的形体，以表达对神灵、信仰、君主、英雄、战争和重要仪式性事件的象征和纪念，其历史要比用文字来对此进行记载的历史还要长。所谓“建筑是石头的史书”一定程度上就是对建筑的纪念性和叙事性的描述。这种纪念性一直延续到今天，一些被纪念的内容已经被淡忘，但人们总是在为建筑寻找新的承载内容：国家的权力与尊严、艺术或者体育的盛会、资本的盛筵与狂欢。摩天楼的建筑热潮是最典型的例子，很多时候，对其所象征的力量和财富的意义的追求远远超过功能上的必要性。

但另一方面，也正如前文曾经提到的，文字和叙事性传统的神圣性在今天正在逐渐丧失。尽管我们并不认为叙事性审美在今天所遭遇的危机会在短时期内直接地影响到对建筑叙事性的追求（正如上文所说，今天叙事性一定程度上已经独立于审美范畴之外），但仅就建筑学范畴内的情况来看，叙事性在今天也已呈现出其不合时宜的一面。正如在摩天楼的例子中所体现的，在商业资本的力量空前膨胀的时代，一切形式的纪念性最终都有沦为对资本纪念的危险。在这种情况下，对建筑纪念性的强调有非常大的可能性变成与资本、权力和媒体的媾和。尽管如前文所说我们认为今天对建筑批判性的过分强调、指望建筑成为抵抗消费社会和普遍文化的手段是一种近乎天真的要求，但反过来我们更不希望看到建筑学主动地向市场和资本献媚成为一种普遍的现象。不仅仅是纪念性，各种与形式相关的情节、故事、记忆或者象征，今天都面临着同样的危险。从这个意义上来说，如果说建筑的批判性和社会理念的消解是一种无奈的话，那么相对应的我们认为在今天对建筑的纪念性等叙事性要求保持拒绝或者至少是警惕的态度，应该成为建筑师的一种自觉，这也是建筑走向轻逸之路首先要摆脱的沉重枷锁。

除了社会理念和叙事性之外，另一个重要的非本体的意义是建筑的符号性。作为能够被感知的形式，建筑能够承载特定的意义，并且能够对这种意义进行传达。建筑对于意义的承载和传达，即建筑的符号功能。与前两者相比，建筑的符号性也许具有更广泛的内涵，凡是与建筑的意义传达相关的内容都可以称之为建筑的符号属性。甚至可以说，除了建筑的功能属性和美学属性之外的内容，几乎都属于建筑的符号范畴。实际上，上面提到的建筑的叙事性属性，也可以视为是建筑的符号属性的一种表现形式（如果认同叙事性已经一定程度上从审美范畴中独立出来的话）——在建筑形式和其承载的情节、记忆或者象征之间的能指——所指[①]的符号关系。只不过，叙事性对所指的意义有较为严格的要求，要求这些意义能够连缀成为较为完整的、具有特定叙事结构、并且具有相当普遍性的整体。而一般意义上的符号性则对此几乎没有任何限制。

这些符号——其能指为建筑的形式要素，所指为包括建筑本体要素和与建筑相关的经济、政治、文化、社会等诸种要素在内的各种具有符号意义的要素——共同组成了以建筑为核心的复杂而庞大的符号系统。一方面，这一符号系统影响着人们对建筑（以及城市）的认知。这种影响甚至已经超越了建筑的本体系统，成为人们认知建筑最主要的方式。特别是对于非专业的普通人而言，功能、结构、空间等建筑的本体要素通常是复杂而难于理解的，而基于自身的认知结构建立与建筑表达之间的符号传达关系，则是任何人都可以做到的。从诸如“现代的”、“国

① 按照费尔迪南·德·索绪尔对符号概念的定义，符号是概念和音响形象的结合，符号表示整体，所指和能指分别指概念和音响形象。索绪尔的研究是基于西方语言的语言学研究，对能指的定义较为狭窄，在更广泛的意义上，今天符号特别是能指的含义已经被极大地扩展了。参见（瑞士）费尔迪南·德·索绪尔．普通语言学教程．高名凯译．商务印书馆，1999：102.

际化的"、"表达民族精神的"之类的官方和学术话语到数字隐喻、象形隐喻（"鸟巢"、"大裤衩"等）等大众语汇，体现的都是对建筑作为符号所具有意义的认知。另一方面，建筑符号系统也通过其意义对城市和社会产生影响，从而具有符号价值。虽然提供容纳人类活动的空间永远是建筑对于社会和城市最为重要的价值，但在当代社会中，建筑的符号价值同样不应该被忽视。

在传统时期，一般来说，无论从对建筑的认知还是建筑对城市和社会的影响来看，建筑的符号价值并没有超越其使用价值。并且，这个时期对于符号价值的追求集中于具有"实用性"的符号意义——纪念性是典型的代表。这意味着，被追求的对象仍是符号的"价值"而非符号本身。但进入20世纪以后，这种情况一定程度上发生了变化。在文学和艺术领域，传统的审美原则受到了挑战，在形态审美和叙事审美的发展已经非常完善并难以出现突破性的创新的情况下，人们开始关注文本和艺术品自身之外的意义表达。这种对"意义"的追求成为20世纪文学和艺术最重要的特征之一，并且一定程度上已经压制了对审美行为和叙事内容的关注。于是可以看到大量的没有故事的小说和缺乏美感的画的出现，并且其中不乏获得很高声誉的作品。这在一定程度上也影响了人们对建筑的认知，特别是在20世纪上半叶建筑的变革被普遍地认为是广义上的现代艺术运动的一部分的情况下尤其如此。

如果说在20世纪上半叶对意义的关注是文学、艺术和建筑中一种主动追求的话，那么在其后的半个世纪中，这种意义的无限扩大化则可以看做是被消费文化裹挟的结果。资本和媒体操控下的消费文化对符号和图像有近乎无限的需求，在每个时刻，巨量的符号被生产出来，并且其中绝大部分在很短的时间内被遗忘。这个时代符号的最大价值在于"数量"而不是所指的意义或者能指——所指关系的准确性。这客观上造成了两个结果：一方面，被关注的对象实际上已经不再是符号的意义（确定的、可传达的能指——所指关系）以及符号的价值（符号的实用性），而是符号本身（更多的、不同的符号）。另一方面，数量、速度以及有意识地忽视使能指与所指之间的关系不再是明确无误的，而是趋于模糊和碎片化。同时，人们理解符号意义的方式更趋于直接和感性化，而不是依靠分析和理性的把握。这进一步加剧了符号意义的不确定性。

对于建筑来说，在今天这个时代，一方面社会和文化对建筑的符号性有着极高的要求，要求建筑源源不断地提供多样化的、特异性的图像化符号。正如前文提到的，在某些情况下，这种要求甚至超出了城市和社会对建筑的空间功能的需求。另一方面，在符号意义总体趋于模糊和碎片化的情况下，已经很难指望建筑对意义的传达能够保持一定的确定性。换句话说，在今天，建筑是符号，却没有（或者说这种有无并不受到关注）符号的意义；建筑是图像，但却无所谓图像的表达。我们认为，在这种文化状况下，以符号意义作为导向在大多数情况下很难成为一种在建筑学意义上有效的创作手段。正如在后现代盛行时期"双重译码（Double

Decoding)”作为一种设计和诠释建筑的手段得到了广泛的讨论，但诸多并不成功的实践表明，这种“译码”所代表的能指——所指游戏并没有像所期望的那样带来文化之间的融合和多元化所具有的丰富性，符号意义在传达的过程中陷入完全的混乱，带来的结果就如同丢失了译码本的密码一样：絮絮叨叨、故作神秘却不知所云。

还有一点相当重要的是，空间虚拟化技术和产品的发展正在进一步降低实体建筑和空间符号意义存在的必要性。与实体空间中符号意义必须依附于结构和功能而存在不同，在虚拟空间中，符号意义可以脱离建筑的本体要素而单独存在。换句话说，只要愿意，在虚拟空间中可以更为迅速和廉价地创造纯粹的符号、纯粹的图像、纯粹的奇观。并且，借助互联网这个载体和越来越多样化的视听媒体手段，虚拟空间的符号意义传播的速度和范围远非实体空间中可比（虽然这种迅速传播的意义被遗忘和消逝的速度也同样迅速，不如实体建筑承载的意义相对较为恒久，但这恰恰符合了这个时代对符号意义需求的特点：数量、速度而非质量和持久）。这就意味着，如果将表达符号意义作为建筑的核心价值的话，那么这种价值将是非常容易被替代的。或者举个也许并不恰当的例子：一切期望通过形式手段表达意义的努力，在今天都不会有将建筑表面直接覆盖满电子屏幕来得有效。

6.4　消解：美

当排除了所承载的意义（社会理念、叙事性和符号意义）之后，剩下的则是属于建筑本体的部分。传统上，功能、结构、形式一直被视为建筑本体的核心元素，也是建筑学最为重要的研究对象。我们认为，在今天，对建筑本体要素的这种划分仍然是准确的。

如果考虑到（按照我们的期待）对意义的追求将不再成为建筑学的核心内容的话，那么这也许意味着对于建筑师来说，今日的时代有希望成为这样一个时代：功能将从未如此纯粹地只成为功能（与人的活动和行为直接相关的功能而不是诸如政治、宗法、意识形态、社会理念之类），形式也将从未如此纯粹地只作为形式（美学意义上的形式而不是叙事性、批判性或者符号价值意义上的）。但是实际上这种本体建筑学取得空前胜利的前景是非常值得怀疑的。因为在技术和文化的影响使建筑的意义范畴发生变化的同时，建筑的本体范畴也同样在发生变化。尽管功能、结构和形式作为基本的建筑要素的地位几乎不可能被动摇，但在新的时代其表现形式和作用方式也将有新的内容。

首先，我们不认为讨论形式是否会消失或者形式的重要性是否会减弱这样问题是有意义的。创造恰当的形式，一直是并且在可预期的将来仍将是建筑学最为核心的问题。诚然，建筑师和理论家会不断为形式寻找新的来源和理由，创造诸如“Form follows……”(“形式追随……”最初来自于路易斯·沙利文的Form follows function，其后衍生出无数的变体，诸如Form follows art、Form follows climate、Form follows environment、Form follows emotion等)的句式，但这种句式和行为的存在恰恰证明了形式所具有的核心意义。如果这种核心意义丧失，那么建筑学也许就丧失了存在的必要(这种危险确实是存在的)。

那么，我们对形式问题的讨论实际上可以落实到这样一个层面(这也是真正可能存在问题的层面)：形式——确切地说是建筑形式——和美学的关系。对于这种关系，两个最为基本的问题是：美学或者说审美价值是否仍是建筑形式最为重要的基础以及——如果前一个问题的答案是肯定的——今天在建筑学领域是否还存在建立一种具有普遍意义的审美标准的可能。

在传统时期美对建筑的意义是毫无疑议的。这一点在文艺复兴时期表现得登峰造极。在人本主义思想复兴的基础上，科学、技术、艺术、建筑在共同的文化平台上得到了前所未有的统一，出现了像达·芬奇这样融科学家、工程师、艺术家、建筑师为一体的人物。那个时代最为出色的建筑师，往往同时在其他的艺术领域也有卓越的成就或是拥有扎实的古典美学素养。文艺复兴之后，虽然建筑师和艺术家的职业分野从融和逐渐走向清晰，但美学标准(古典意义上的)仍然是评价建筑优劣的最为重要的标准。相应地，美学素养也被认为是建筑师的基本职业素养之一。19世纪“鲍扎”(Ecole des Beaux-Arts，巴黎美术学院)体系的建立，从建筑教育的角度将这种建筑对美术系统的依赖以一种体系化的方式确定下来，赋予了对建筑的审美性评价以一种充分的合法性，这种观念的影响今天在一定范围内仍然能够得到体现。

这种情况的改变发生在19世纪与20世纪之交，与艺术体系内部对古典美学的质疑和叛逆相应合，建筑学领域中开始反思对美学的依赖。尽管现代主义的主要挑战目标指向复古和折衷主义的建筑，从而在一定程度上有意无意地回避了关于美学的话题，但现代主义建筑运动主张以功能和空间代替立面和体量在建筑中的发动者的地位，这实质上构成了对审美价值在建筑学中核心地位的挑战。

自此以后，美学(这里所指是一种传统意义上的美学概念，以形式美为基础，而不是以意义为基础)在建筑学价值体系中一直处于一种很尴尬的位置：一方面，并没有出现大范围的否认建筑的美学价值的潮流(不是没有这样的声音，但范围和影响力都极其有限)，人们似乎仍默认好的建筑应该是美的。另一方面，大多数建筑师和理论家在讨论建筑时并不愿意提到美学，他们往往小心翼翼地避开，仿佛羞于提到这个话题。于是可以看到，在整个20世纪中，千奇百怪的建筑形式理由被提了出来：功能、社会理想、批判性、哲学、社会学、语言学、心理学、现象学、类型学、符号价值、数学、地理学、人类学、宇宙学、生态、仿生……建筑师和理论家们穷尽他们的想象力，将几乎与建筑和城市有所关联的所有知识牵涉进来，并以之作为形式产生的原因，但就是不肯承认形式来自于纯粹美学的考量。虽然如前文所说社会理念、批判性和符号意义等内容在 20 世纪的建筑学中得到重视确实有其充分的理由，但这掩盖不了一个事实：建筑师和理论家对这些关联学科的过于热衷和刻意强调，有相当一部分的原因在于试图以此去证明：那些优秀的建筑之所以优秀，不是纯粹出于美学上的原因，美可能是建筑客观上的效果，但不是建筑的出发点。或者更干脆地说，为形式寻找美学之外的理由。

而实际上，尽管在整个 20 世纪中建筑形式的审美标准发生了相当大的变化，从古典主义的强调均衡、协调、秩序、清晰迈向当代多元化的美学取向，甚至出现了很多反古典美学之道而行之，以冲突、碰撞、模糊、混乱为美的例子，但是从对待建筑的形式美（这里指的不是某种特定的美学标准，而是美作为一种建筑要素的意义）的态度——或者说对建筑之美的追求——从来就没有改变过。尽管口头上不愿意承认，但实际上对新的建筑形式美学的追求仍是过去的一百多年中推动建筑师不断进行创新的最主要动力之一。从这个意义上来说，从现代主义到后现代再到所谓解构主义建筑，从美学意义上来说从来没有脱出传统建筑美学的基本范畴。实际上，在这个时期的艺术理论和社会科学理论中，确实存在对传统美学理论的根本性的颠覆，在诸如后现代理论、解构主义这样的建筑学中熟悉的词汇对应的社会科学理论原型中，也确实都有对传统美学合法性质疑的部分存在，但是这样的部分并没有被它们在建筑学中的衍生品所继承。20 世纪中建筑学对艺术和社会科学理论的引入，无论其初衷如何，最后都毫无例外地成为创造新的建筑形式美学的理由。诸如后现代主义、解构主义这样从社会科学中借用的概念，在与建筑学结合的过程中几乎被完全去除了其原本的批判和反思性的含义，并且借助字面意思上的模糊联想和一些建筑师不求甚解（未必不是故意的）的解读最终和一些新的形式创造附会在一起。即使是 20 世纪上半叶现代主义建筑运动尖锐地批判以形式而非功能为主导的传统建筑观念的时期，建筑师们也从没有放弃过对建筑形式美学的追求。那些最为激烈地反对传统的现代主义大师往往同时具有很高的古典美学修养，有些甚至同时也是画家和工艺美术师。勒・柯布西耶的绘画体现了他的美学素养，他对比例和模数的研究显示出受到很深的古典主义美学的影响。密斯・凡・德罗追求现代技术体系下结构的真实表达，但他的建筑的美学趣味却在很大程度上受到卡尔・弗雷德里克・辛克尔新古典主义建筑的影响。以至于很难去分辨“Less is more”这样的说法到底是出于对结构真实性的偏爱还是来自于对简洁、清晰、典雅的新古典主义美学的近乎偏执的极致追求。

我们认为，这种状况在今天以及可预期的将来不会发生显著的变化。尽管今天确实能看到一些带有反美学甚至反设计倾向的例子，但事实上，在历史上任何时期几乎都可以看到这样的例子，但是对于整个时代来说这样的例子的意义也仅仅是作为一些例外而已。因此，我们认为美学或者说审美价值仍将是建筑形式最为重要的基础。

那么，下一个问题就在于，今天在建筑学领域是否还存在建立一种具有普遍意义的审美标准的可能。与我们对前一个问题所抱持的确定的乐观态度相比，这个问题所面临的状况要复杂得多。一方面，广泛意义上的审美标准今天本来就面临着严重的问题。20 世纪后期美学理论的重要转向之一就是对“主体间性”的强调。在西方传统的美学研究中，无论是从古希腊起二千余年间占据主导地位的客体化美学，还是从 17 世纪开始兴起的主体化美学，实际上都将主、客体看成分立的两个实体（客体论认为美来自客观世界的事物本身，主体论则认为美学的根本在于人的思维和意识，但仍将作品看做是独立的存在）。而在 20 世纪中，美学理论家们开始倾向于认为，作品的意义不是脱离接受者而独立存在的，而是依赖着接受者的欣赏和解释才能获得意义。从这个意义上讲，美并非艺术品本身所固有的属性，而是由欣赏者在理解艺术品的过程中所赋予的。这种理解，部分取决于艺术品本身的性质，但同时更多地取决于欣赏者的视野和心理状态的影响。那么，美、形式等这些原本被认为是一种事物或作品固有属性的概念，就和人的心理因素紧密地联系了起来。在 20 世纪后半叶，理论家们进一步完善了这一理论系统，指出人们之间在交往和社会活动中会逐渐形成一种共识，这种共识会成为主体的审美心理建构的基础，构成了主观性的审美活动所具有的“客观性”的来源。这就是基于“主体间性”的审美理论的基本内容。既然这种共识是通过人的社会性活动逐渐形成的，那么就意味着对于不同的人群，这种共识之间会产生差异。因此，基于主体间性的美学理论的一个很大的影响就是从理论层面，否认了普遍意义上共同的审美标准的存在。不同时代、不同民族、不同文化、不同阶层、不同性别等各种各样的群体划分，都会形成不同的共识，进而影响到个体的心理状态和审美结构，从而形成特定人群特定的美学标准。也正是因此，20 世纪后半叶的美学研究一定程度上放弃了对“普适性规律”的关注，而是转向对特定群体的特定美学观念的具体研究，并且与新殖民主义、女性主义、亚文化研究、新媒体文化等社会文化领域对特定人群的研究结合在一起，形成了新的美学理论潮流。这种对普遍性审美的否定使得试图建立一种通用的建筑美学规则的努力在当代本就缺乏坚实的理论基础。此外，从画笔、传统摄影术到数码摄影再到更为便捷和日常化的拍照手机，从暗房技术到 Adobe Photoshop 等图像处理软件，图像获取和编辑技术的不断进步和普及，在彻底消弭了图像的神圣性的同时，使得图像的来源趋于无限的多样化。这种传统时期一定程度上作为统一的审美标准的重要来源之一的图像制造的权利门槛和技术门槛的丧失，也使得今天建立一种统一的审美标准变得更加不可能。

另一方面，与艺术领域对特定人群的审美共识的研究相对，建筑领域即使这样的探讨也难以展开。对艺术品的审美是一种有选择性的审美，主体有选择接受与否的权利，因此主体的审美共识和心理状态对审美过程和标准的影响相对较为稳定和清晰。而建筑审美实际上带有相当大的强制性，在建筑和城市空间被使用的过程中，功能要素和审美要素是混合发生作用的，使用者在很大程度上是“被迫地”去欣赏建筑，这就使得建筑的欣赏者很难限定在某一特定人群中间，从而具有混合型和流动性。这一方面使得对建筑审美进行特定主体对象的分析也许仅仅具有统计学上的意义（如果再考虑当代文化和社会的复杂性所造成的人群划分的多样，那么这种统计学上的意义也近似于无。此外，这也是各式各样的“地域性”建筑实践往往只能局限于小范围的学术领域的重要原因之一：地域所界定的人群只是多样的人群划分中的一种，难以夸大其特殊地位），另一方面这也造成了一个客观的结果：建筑审美对流行文化的拒斥性相对其他艺术形式来说要差得多，从而更多地表现为杂糅和多变。

并且，如前文提到的“弱关系”在当代社会联系中越来越强的地位所表明的，在新的技术和媒体手段下，原有的社群结构正趋于解体和重组。而重组后的新社群更倾向基于弱关系和亚文化的基础之上，社群数量庞大，组织松散、流动性强，同时个体对社群的依赖度减弱，更趋向于个人化，这就使得对共同的审美基础的探讨变得更加不可能。

此外，也不能忽视消费主义的流行文化在这个进程中所起的作用。作为当代唯一具有真正意义上的“普遍性”的文化类型，消费文化表现出无所不包的吞噬性和融合性。因此，即使退一步说假设存在建立一种普遍的建筑审美的可能（即使仅仅在一定范围内），那么这种普遍性也会被迅速地整合到消费文化的大潮中去，成为这个潮流的一部分。这一点从近二三十年来建筑领域各种形式批判性的探讨的最终命运中可见一斑：无论是所谓批判的地域主义，还是回归建筑本体的建构研究，最终都成为新的流行化的消费形式的资源。

基于以上探讨，有理由认为，尽管对建筑形式美的追求将在相当长时期内仍是建筑学的核心问题，但任何期望从理论或者实践角度探索如同当年的“国际式”一样的具有建筑学意义的新的普遍性建筑美学的努力都无法被视为仍然具有意义的举动。换句话说，建筑美学将更多地成为一个属于建筑师——而不是使用者——的个人化范畴（当然，对于建筑师来说，这未尝不是一件好事）。而关于建筑之美的言论，有很大可能将相当长久地维持其在过去的一个世纪中的状态——一个不愿被言说的话题。

6.5 消解：结构与功能

一般认为，相对于主观、感性、多变的形式美学标准，结构和功能显得更为客观、理性和恒久，是建筑学核心要素中更为稳定的因素。因此，面对新时代技术和文化的变化，结构和功能受到的冲击应该更小。从建筑本身的角度看，这种观念在一定程度上是正确的。毕竟人们可以设想丑陋的、缺乏形式美方面考量的建筑，但却不可能接受无法使用或有严重功能缺陷的建筑，更不可能允许结构有问题的建筑。但是，如果从建筑学和建筑师的角度来看，并且考虑到这个时代新的技术和社会条件的影响的话，就会发现今天结构和功能所面临的变化和问题并不比形式来得小。

首先，今天这个时代是一个计算能力空前进步的时代。电子计算机运算能力成指数的增长，使人类的运算能力不断地突破极限。以往时代需要大量人力花费时间去进行的计算，在今天只需要一台个人计算机就可以在几个小时甚至几分钟内完成。这极大程度上减少了建筑结构计算的工作量。同时，基于计算能力和操作系统的进步，计算机辅助结构设计软件提供了越来越强大的结构设计能力。以往只能为少数技术精英所掌握的复杂结构设计的能力，今天已经越来越趋于普及化。在结构计算理论和方法早已经成熟化，在当代并没有明显发展的情况下，运算能力和辅助设计技术的进步使得今天一个普通的结构工程专业的本科学生也可能掌握以往看来具有相当难度的结构设计能力。

但是，这种极大进步和普及化了的结构设计能力并不属于建筑师所有，特别是在高端的结构设计技术方面，专业内部分工越来越趋向于精细。从教育体系一直到工程实践层面，建筑设计和结构设计都成为截然不同的专业学科。与传统时期涉及建筑学相关学科领域（包括结构、技术和艺术类相关学科）的通才式的建筑师知识结构（这种通才式的知识构成曾被认为是建筑师的重要职业特征之一）相比，当代建筑师的知识结构更趋于单一化。在一定程度上，可以认为建筑师已经部分放弃了在结构设计领域的责任和发言权。

趋于精细化的专业分工的一个直接结果是大型的高水平专业结构设计公司的出现。像 ARUP 这样的大型专业结构咨询和设计机构，已经在事实上垄断了全球大型复杂建筑结构设计的市场。建筑师在从事这一类型建筑设计的时候，会主动谋求与专业结构设计机构合作，由其完成结构设计相关工作，而不是试图由自身机构的结构部门独立完成。这一类专业结构设计机构集合了全球建筑结构设计领域的绝大多数最优秀的人才，并且拥有强大的综合计算机辅助结构设计软件和相应的硬件平台的支持，其结构设计能力和工程经验远非一般的建筑设计机构所能比拟，更不用说规模更小、技术力量更加薄弱的建筑师事务所（必须要指出，这类顶级专业结构设计机构的存在，是近来大量复杂造型的建筑得以顺利建造的主要原因之一。换句话说，这种以不规则折面和曲面为基本形态特征的新形式的出现，与其说是因为建筑师的想象力，不如归因于进步的结构设计手段提供的实施可能性）。这种达到极致的专业分工的结果，一方面减轻了建筑师的工作任务和责任，将建筑师从繁重的结构计算工作中解放出来，能够将更多的时间和精力投入到功能和空间的设计方面。但同时也使得建筑师一定程度上远离了结构设计领域。这种结构设计的独立化在形式——结构——功能稳定的三位一体要素结构上开出了第一个缺口。

与结构要素所面临的由学科分工所导致的相对清晰的局面相比，功能要素在今天面对的状况要更复杂一些。应该说，对功能的设计，一直是处于建筑师的控制之下的。这一点与结构问题不同，并且在未来也不太可能出现功能设计从建筑设计中彻底分化出去的情况。功能要素与前文所述的形式一起，仍将作为建筑学的基础和核心要素。但是，另一个问题相对凸显出来：在今天，是否还有那么多的功能需要由建筑来解决呢？或者换句话说，以往人们习惯上由建筑来解决的一些功能，是否在今天已经有了更为低成本或者高效的替代方式呢？

建筑学意义上的功能，绝非是人类生活和社会运转所需要的功能问题的总和，而只是需要通过建筑来解决的那一部分问题，更多的功能问题是既不需要、也不可能由建筑来加以解决的。在远古时期，一方面人类个体和群体所需要的功能类型相对简单，另一方面在所掌握的技术和工具落后的情况下，建筑对技术水平和加工精度的要求相比同时期的其他人造物来说要来得更低。在技术和产品无法有效地满足人的各种功能的需要情况下，建筑的功能效应相对就体现得更加突出：依靠原始的工具和人力建造的建筑，使人类有能力躲避自然的危险，在早期人类与自然的对抗中起到了几乎是最大的作用。从这个意义上说，在那个时代建筑是有着最高的效费比的人造产品。由于建筑的这种功能的高效性，加之其本来为人类的生活所必需，使得很多其他的功能依附于建筑而存在。简单地说，如果某项功能能够由建筑来满足（尽管未必是最合适的），那么一般这项功能就会被加诸于建筑之上（事实上，前文提到的诸多被加诸于建筑之上的意义，诸如社会理念、批判性等，与这种建筑功能的复合化有很深的联系）。并且这种情况在历史上维持了相当长的一段时间。如果将建筑史、技术史和人类的生活史放在一起比对，就会发现在历史上产品技术的发展和建造技术的发展（以及建筑空间的发达程度）形成了一种杠杆关系（当然这种杠杆关系无论从比例上还是时间上都不可能是精确的，而只是反映了一种大致的趋势而已）。越是在技术快速发展、新产品出现较多、新的技术和产品（特别是基础科学进步导致的技术和产品在短期内爆发式的增长）对社会生活影响较大的时代，建筑的复合功能效应越是被弱化；相反，长时间的技术停滞、技术和产品的发展无法满足社会功能需求的增长，会使得建筑被赋予越来越多的附加功能。一个典型的例子是中世纪时期，近千年的科学技术发展的相对停滞，伴随的却是建筑形态的成熟和建筑在社会生活中更为重要的地位，以至于建筑形态成为了那个时代给人印象最为深刻的意象特征。另一个例子是建筑的军事功能，越是军用技术发达、军力强大的时代和政权，对建筑的军事防御功能的依赖也就越低。

西方历史进入近代时期以后，基础科学理论体系的逐渐完善，使得技术进步的速度和持续性都有了显著提高。同时，现代资本和金融体系的建立，使技术进步的成果能够迅速地转化为产品。20 世纪中叶之后西方世界经济结构的变化，使得消费类产品相关产业成为社会经济的主要支柱，这也反过来促进了相关技术的研发。与以往的时代相比，20 世纪特别是 20 世纪后半叶是一个应用技术和消费产品数量爆炸性增长的年代，大量的新产品在短时间内被发明、制造、使用并且直接地改变了人们的生活。现代企业完善的策划、研发和用户信息回馈机制使消费类产品直接指向对个体和社会生活特定功能的满足。由技术进步和完善的当代工业设计体系，消费类产品提供的生活功能解决方案比建筑提供的解决方案要更加完善、更有针对性。除了前述的附加于建筑的功能外，甚至连建筑的核心功能都在受到技术和产品的挑战。借助产品的帮助，今天人类在理论上已经可以摆脱建筑而实现遮蔽风雨的目的（尽管基于成本和习惯的原因还没有成为一种普遍的现实）。

除了消费类产品外，另一类对建筑的功能模式影响很大的产品是设备。电气、给排水、暖通空调以及信息通信等建筑相关设备在今天已经成了建筑功能最为基本的支撑要素，也是过去的一百多年中建筑功能的进步中最为显著的因素。与20世纪建筑在空间和形式方面的激进变化相比，功能的实质性的变化要少得多。而在这些变化中，很多并不是出自建筑师主动的创造，而是设备的更新为建筑功能的改进提供了契机，激发了对新的建筑功能的需求。电梯使高层建筑成为可能，很大程度上改变了世界范围内的居住模式和城市空间。空调系统的普遍使用，使人类可以彻底控制建筑室内的温度、湿度、空气清洁度等环境要素，并促发了全天候写字楼等新的建筑模式的出现。尽管后来因为能源危机及其后的生态意识兴起等因素，这类完全依靠人工手段解决温度、通风和采光问题的建筑招致了广泛的批评，但从建筑作为人类与自然之间的“缓冲层”的意义来看，空调系统的发明和在建筑中的使用实际上是一种巨大的进步。在整个近现代建筑史中，最大程度上改变了建筑的品质和使用舒适度的，不是合理的空间设计，更不是符合时代精神的形式，而是电灯、交流电、抽水马桶①、自来水、热水器、空调、家用天然气、电话、互联网等诸多的技术和设备的进步（图 6-1）。

当然，这些设备在使用的过程中，逐渐对建筑的功能和空间设计产生了影响，这些相关的知识也被吸纳到建筑学的知识体系当中。在今天，设备知识已经成为了建筑学的一个部分，综合型的建筑设计机构中都有设备工程师的身影，建筑师也了解并一定程度上掌握基本的设备知识。但是，客观地说，这个组成部分实际上并不是由建筑师所掌控的。建筑师的职业范畴和知识结构决定了他们不可能去参与技术设备的研发和制造，甚至很少能从使用反馈的角度对此提出有价值的建议，更不用说去发明新的设备。建筑师对于设备的使用往往是“黑箱”②式的。并且从主观意愿看，也很少有建筑师愿意把设备当作建筑设计或者建筑学层面的积极要素来对待。对于建筑师来说，设备在建筑中似乎永远不会成为与混凝土或者砖块具有同等重要意义的要素。因此，在未来的建筑发展中，设备问题对于建筑师来说实际上成为一个相当大的不确定要素，建筑师对其只能作出被动的反应。

---

① 抽水马桶发明于16世纪，但作为现代抽水马桶原型的冲洗式抽水马桶发明于1889年。

② 所谓黑箱是指这样一种系统：它不能被打开，也不能从外部直接观察其内部，观察者只能得到它的输入值和输出值，而不知道其内部结构和运作机理。

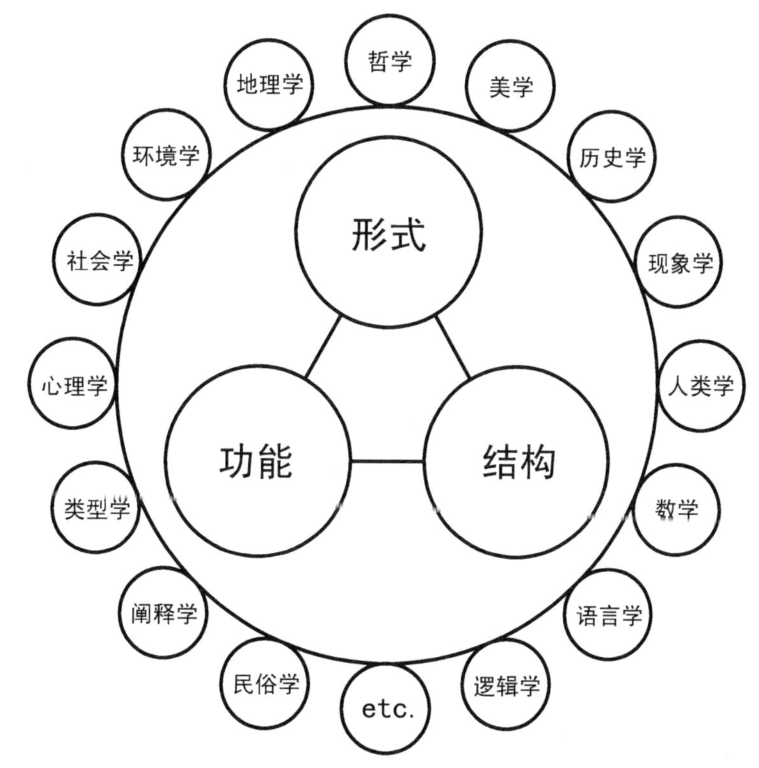

传统意义上的建筑学知识体系

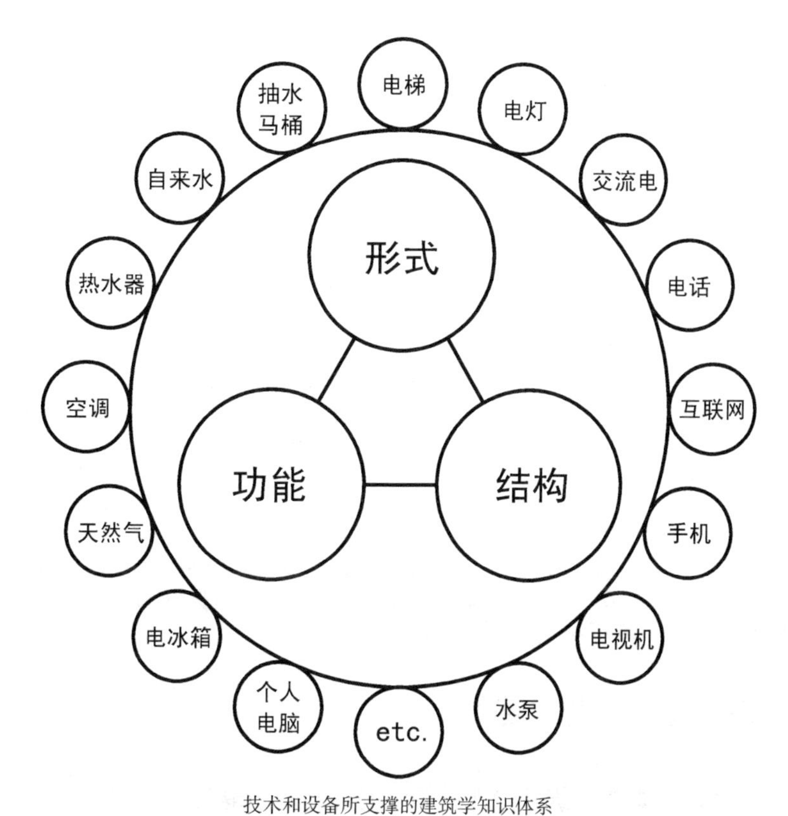

技术和设备所支撑的建筑学知识体系

图 6-1　技术和设备支持下的建筑学体系

在整个近现代建筑史中，最大程度上改变了建筑的品质和使用舒适度的，不是合理的空间设计，更不是符合时代精神的形式，而是电灯、交流电、抽水马桶、自来水、热水器、空调、家用天然气、电话、互联网等诸多的技术和设备的进步。

甚至如果考虑到对技术和生产企业的依赖度问题，设备与建筑师的距离比结构要更加遥远。

因此，与结构要素的状况类似，在今天的建筑学体系中，功能仍然是最为重要的内容之一。但功能并不总是由（并且越来越少是由）建筑来满足，而是由产品和设备来解决。同时，对这种内容的掌控不属于建筑师，而是属于不断进步的技术。

这种建筑师对结构和功能内容的很大程度上的失控，与建筑形式领域的变化也有着内在的联系。一方面，消费文化对图像化、奇观化建筑的需求，客观上加剧了这种失控。对奇观形式的追求使建筑师趋向于将建筑的形式置于更重要的位置上，对结构和功能方面的关注就显得相对不足。讽刺的是，即使是意识到了这种奇观文化对建筑学的侵蚀，有意识地从理论和实践层面进行抵抗的建筑师，其抵抗的武器仍然可以归结为形形色色的形式语言。其结果仍然是被裹挟进这场奇观化的潮流中去，成为一种“反抗式的顺从”。另一方面，在原本均衡的形式——结构——功能三位一体的价值体系中，结构和功能要素的相对弱化和失控，也在强迫建筑师只能将注意力集中到形式领域，以创造更新奇的形式来证明自身和整个行业的价值所在，这实际上已经成为 20 世纪晚期以来建筑语言更趋于形式化的主要原因之一（图 6–2）。

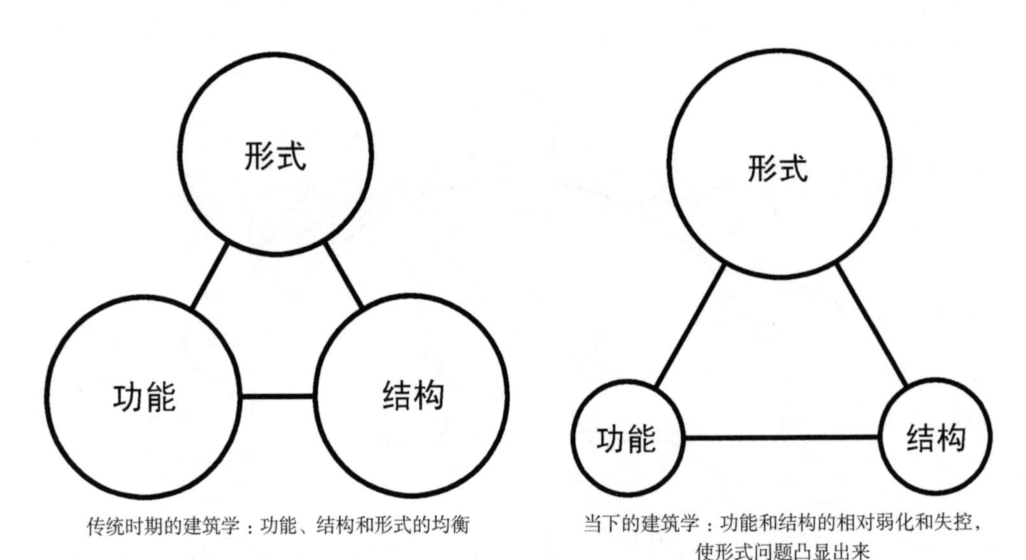

传统时期的建筑学：功能、结构和形式的均衡

当下的建筑学：功能和结构的相对弱化和失控，使形式问题凸显出来

图 6–2　对形式的强调

在原本均衡的形式——结构——功能三位一体的价值体系中，结构和功能要素的相对弱化和失控，强迫建筑师只能将注意力集中到形式领域，以创造更新奇的形式来证明自身和整个行业的价值所在，这实际上已经成为 20 世纪晚期以来建筑语言更趋于形式化的主要原因之一。

6.6　消解：综合性与普遍性

结构和功能要素在建筑师知识结构中的逐渐趋于弱化，打破了传统上稳定的形式——结构——功能框架，使得建筑设计行为的综合性被削弱。而这种综合性，原本是建筑学学科体系和建筑师职业最为显著的特征之一。

最早体现了建筑师职业综合性的是维特鲁威的《建筑十书》。书中涉及了城市规划、建筑设计、市政工程、建筑教育、建筑环境、建筑材料、经济、机械工程甚至军械制造等诸多内容。并且作者在书中开篇的《建筑师的培养》一节中明确指出："建筑师要具备多学科的知识和种种技艺。"[①]并作了具体的说明："因此建筑师应当擅长文笔，熟习制图，精通几何学，深悉各种历史，勤听哲学，理解音乐，对于医学并非茫然无知，通晓法律学家的论述，具有天文学或天体理论的知识。"[②]这实际上对建筑师知识体系的广泛性和综合性提出了相当高的要求："建筑的学问是广泛的，是由多种门类的知识修饰丰富起来的。因此，如果不从儿童时期就攀登这些学问的阶梯，积累许多文学、科学知识，抵达建筑的崇高殿堂，便急速正经地就任建筑师的职务，我想是不可能的。"[③]

但同时，维特鲁威也指出，这种广泛性和综合性并不意味着对所涉及领域的精通，这实际上也是不可能的："不仅建筑师对于所有事项不能期待臻于至善，甚至以各种技艺专长自任的人们也没有全都获得高超的声誉。因此，如果每个匠师在各自的知识领域并非全部而仅是一小部分历经多年几乎还没有获得名望，那么必须通达多种技能的建筑师，不仅要完美无缺地完成壮丽惊人的建筑本身，而且还要超越始终勤奋地专攻一门学问的匠师，这怎么会是可能的呢？"[④]因此，维特鲁威指出："因为由这样的天赋聪明而来的资质并非一切人相同，而只有少数人才能够具备；还因为建筑师的职务对于所有知识都要求受到训练，而且它们的项目过于广泛，所以必需的并不是最完善的而只是普通的学问上的知识。"[⑤]

维特鲁威对建筑师知识结构的论述，在事实上奠定了其后两千多年间建筑师自身和社会公众对建筑学科和建筑师职业认识的总体基调：即建筑学的知识体系具有综合性，建筑师应该是知识广泛，对多学科的知识具有综合性的掌握的人。具体地说，建筑师的综合性知识体系应该分为两个层次，其核心知识体系是包括形式、结构、功能在内的建筑核心要素系统，建筑师对这一层次的知识要求完善、精深地掌握。下一个层次是与建筑、城市有关的学科，包括哲学、历史、地理、艺术、机械、设备等范围相当广泛的知识系统，建筑师对这一层次的知识以了解和初步的掌握为主。应该看到，除了在人类历史早期学科分工非常不发达的时期以外，建筑师即使在上述核心内容的每个方面也并非是最擅长的。创造形式不如艺术家，设计结构不如工程师，理解功能不如使用者和产品设计师。所以说，建

① （古罗马）维特鲁威．建筑十书．高履泰译．北京：知识产权出版社．2001：4.
② 同上
③ （古罗马）维特鲁威．建筑十书．高履泰译．北京：知识产权出版社．2001：9.
④ （古罗马）维特鲁威．建筑十书．高履泰译．北京：知识产权出版社．2001：10.
⑤ （古罗马）维特鲁威．建筑十书．高履泰译．北京：知识产权出版社．2001：12.

筑师职业能力的体现并不是存在于上述任何的单一要素，而是体现为三者的综合，体现为对三种乃至更多要素的平衡性的把握。维特鲁威之后的每个时代，这套知识体系的有效性被建筑师们以实践证明着，并且不断在一些卓越的人物身上得到最为集中的体现。从文艺复兴到现代主义建筑运动，那些融技术、艺术、工程和建筑于一体的大师们不断重复着世人心目中的完美建筑师形象。

但是在今天，这种综合性已经或者说至少正在被打破。建筑师对结构和功能内容的相当程度上的失控使得三者之间的平衡性已经丧失，而形式成为建筑师更为关注的要素。如前文所述，我们认为这种情况有其合理性和必然性，并且，从技术和社会的发展方向看，无法看到这种趋势有在未来的某个时间得到扭转的可能，换句话说，对于建筑学或者建筑师来说，这种综合性和平衡性可能已经一去不复返了。尽管很多建筑师不愿意承认这一点，并且试图重建这种平衡，但几乎难以看到成功的例子。相对于功能、结构和形式设计样样精通，在其他知识领域也有相当造诣的理想状况，实际的情况则往往是对每种知识都仅仅是一知半解，甚至基本的功能和形式设计也难以很好地完成。更有甚者，部分以通才自居的建筑师，在工程师面前谈艺术，在画家面前谈结构，在使用者面前谈哲学，成为游离在各专业学科间的学术投机者。

因此我们认为，这种过度追求综合性和平衡性的学科传统，已经与当代社会的技术和文化状况相悖，并且在一定程度上成为建筑学顺应当代社会进行学科调整的阻碍。如果说期望今天有一种更为轻逸的建筑的话，那么这种轻逸首先应当存在于建筑学的知识体系和建筑师对自身职业的认识当中。我们无意于否认各门类的知识以及复合型的知识结构对于建筑学的意义，也无意贬低建筑师在丰富自身学术素养方面所做出的努力，而只是想指出这样一个事实：在今天，这种对综合性和平衡性的刻意强求，像传统传承下来的一条沉重的枷锁，正阻碍着一条更为轻逸的建筑之路的实现。

如果说对综合性的追求来源于建筑学古老的学科传统的话，那么对于普遍性的追求则更多地来自于一种普遍性的（正如这个词的含义那样）的学术心态。这一点在理论科学中表现得最为突出，建立一套能够描述整个世界所有相关内容的体系是几乎所有理论学科的终极追求，一定程度上也代表了人类理性思维的最高成果。在数学领域，无理数的发现者希帕索斯因为泄露了其发现而被毕达哥拉斯学派处死，其罪责的根源就在于其发现的“例外”对原有的普遍性理论提出了挑战。实际上，整个数学史和物理学史就是在一次次地发现例外，再一次次地重建普遍性理论的过程中发展的，理论的普遍性也在这个过程中逐渐完善。一直到了当代，大统一理论—— 一种完善的描述物质世界构成的普遍性理论——仍然是理论物理学界研究的核心问题。与理论科学相类似，人文和社会学科中在相当长的时期中也对普遍性理论有着执著的追求，一部现代之前的哲学史几乎就是一部追求普遍性理论的历史。这种情况一直到 20 世纪后半叶后现代主义者们对“元话语”和“宏大叙事”的质疑和批判[1]之后才有所改观。

作为一门应用学科，建筑学原本与普遍性理论扯不上什么关系，但因为建筑学的外延与社会科学领域之间千丝万缕的联系，所以建筑理论中也一直有追求普遍性的倾向。这种对普遍性的追求在时间和空间维度上都有所体现，在时间上体现为注重建筑和建筑理论的永恒性和延续性（这一点最为集中地体现在建筑史的书写方式上），在空间上则追求建筑学在地区之间的普适性（即使是地域性建筑，在其理论层面仍然表现出对普适性的追求—— 一种普适的地域性理论）。旧版的（第四版到第十六版）《弗莱彻建筑史》中那幅广受争议的“建筑之树”就是建筑学对普遍性追求的最典型的体现（人们对建筑之树的批评往往集中在空间的普遍性方面，即将非西方的建筑文化以“非历史性风格”的归类统合到西方的建筑历史中。但实际上，建筑之树的思路其实是空间和时间双方面的普遍性追求：将不同地域的建筑文化整合到一起，同时将整个建筑的历史归纳为一个从根到梢的连续性的树形结构）。而对于建筑实践来说，普遍性最显著的体现则是对“主义”的关注。

“主义”这个词汇（在英语中以 -ism 后缀的方式体现），看上去要比“风格”或者“类型”之类的词更具有普遍性的含义。当某种建筑设计的方法或是某种形式被赋予了“主义”这个称谓，那么意味着它在一定范围内具有了普遍性。并且这种普遍性不仅仅限于形式上的相似性，而是同时受到理论层面的支持。在相当长的时期里，理论家和历史学家们乐于将各种建筑风格和样式套上“主义”的标签，这些标签有些来自于建筑学内部，有些则借用自其他学科。为了体现话语的普遍性，这种论说方式往往带有如下特点：首先，选择足够数量的优秀建筑师和建筑作品纳入到这个标签所代表的范畴之下。在很多时候这种选择带有相当大的主观性，甚至不为所选择的建筑师所承认（典型的例子是曾经被选择为“解构主义建筑”代表的一些建筑师）。并且这种标签也不具有排他性，同一座建筑或者同一个建筑师在不同的时代往往被贴上不同的标签。其次，为了体现某种“主义”在历史发展中的延续性和合理性，明确地断代往往是需要的。尽管在现实中，建筑风格和样式的演进从来都是渐进的，并不存在“某年某月某日，某种建筑诞生或者消亡”这样的事件，任何时代的建筑样式都呈现出混合的状态（部分契合时代精神、部分保守复古、部分激进超前）。但在理论家和历史学家的笔下，历史则往往被描述为清晰的分段，一种从一个主义到另一个主义的连续进程。

建筑理论本来就是一种解释性的理论体系，以此这种主观性其实也无可厚非，它更多的只是表达理论家自己对于建筑历史的一种解读而已。但是，如果这种对“主义”的偏爱越过了理论研究的范畴，变成一种对设计的引导或者说一种设计

---

① （美）道格拉斯·凯尔纳，斯蒂文·贝斯特. 后现代理论：批判性的质疑. 张志斌译. 北京：中央编译出版社，2004.

原则，就具有了相当的危险性。这种“主义”式的叙事话语对普遍性的偏爱将遮蔽掉每个建筑之间在功能、场地、造价、环境、文化等诸多方面那些具体的差异，而只留下那些抽象化了的原则。如果认同在今天社会理念、批判性等曾被加诸于建筑之上的普遍性价值存在被消解的可能的话，那么同样有可能抛弃这些普遍性理念在建筑学之内的反映——形形色色被冠以“主义”之名的超出具体建筑之外的理论和原则。借用胡适先生的话：“多研究些问题，少谈些主义”，也许我们在一个轻逸的时代能够期待一种面向“问题”而不是“主义”的建筑。尽管从广义上讲所有的建筑设计原则都是针对某种问题的，但在以往建筑师面对的往往是宏大的、普遍性的问题（现代主义建筑面对的是社会问题，后现代主义者所秉持的批判性则是以文化问题为导向），而不是属于特定建筑的、具体的、个性化的问题，后者将是轻建筑的目标。

6.7 轻逸时代的建筑内核

如前所述，在我们看来，传统上被加诸于建筑之上的种种限制，在今天的技术和文化条件下存在着得到消解和改变的可能。但是，如果认为这种消解和改变将毫无代价地带给建筑以自由，那将是一种过于乐观的想法。实际上，以上被当作建筑的沉重枷锁的要素——社会理念、批判性、符号意义、美学、结构、功能、综合性和普遍性等——同时也是建筑学最为核心的内容。对这些内容的彻底抛弃，将会意味着建筑学核心意义的瓦解和价值观的丧失。因此，对“轻逸”的追求决不意味着毫无原则地妥协或者无所顾忌地恣意为之。事实上，我们认为，指向一种轻逸的建筑观念意味着建筑师将要比以往更加精确、谨慎和小心，因为轻和随意性之间往往只有一步之遥，正如卡尔维诺所指出的：“对我来说，轻是与精确和坚定为伍，而不是与含糊和随意为伍。保罗·瓦莱里说：‘应该像鸟儿那样轻，而不是像羽毛。’”[①]“我尤其希望我已证明存在着一种叫做深思之轻的东西，一如我们都知道存在着轻浮之轻。事实上，深思之轻可以使轻浮显得沉闷和沉重。”[②]

并且，建筑领域正在发生的变化的重要性很可能不亚于20世纪20年代的现代主义运动。现代主义建筑运动基于技术的变化导致的生产建造方式的变化和社会功能的变化两个方面，其中前者起到了更为主导性的作用。而在正在发生的变化中，建造方式的变化可能无法超过以往（尽管这种变化仍然在发生），但城市社会功能的变化——生活方式的变化导致的功能变化——会超过现代主义运动时期。因此，有必要对轻建筑的内涵做一种更为精确的描述。

首先，我们所说的建筑之“轻”不是像当代日本建筑所体现的那样，是一种形

① （意）伊塔洛·卡尔维诺．新千年文学备忘录．黄灿然译．凤凰出版传媒集团，南京：译林出版社.2009：16.

② （意）伊塔洛·卡尔维诺．新千年文学备忘录．黄灿然译．凤凰出版传媒集团，南京：译林出版社.2009：9.

态或者材料意义上的轻，而是“功能”甚至“观念”上的“轻”，一种态度上的“轻”，一种对待功能、对待结构、对待平面、对待空间、对待意义、对待美学的轻快态度。其次，虽然我们认为虚拟空间和互联网将极大地影响和改变当代的城市生活和建筑空间，但我们对轻建筑的所有论述都是关于实体而非虚拟空间的，这和其他一些研究者对这个词的使用相反（例如在一本名为《轻建筑：新境界城市》的书中，轻建筑被定义为虚拟化与现实的结合[①]）。此外，我们认为那种断定这个时代某种技术或产品会带来决定性的趋势——例如建筑学的解体或者城市公共空间的消失——的想法往往是错误的。今天的社会和城市已经如此的复杂，以至于任何单一要素导致的单向度的发展几乎都是不可想象的。实际上，新的技术在模糊原有公共空间意义的同时，也在为城市公共空间带来新的内涵和使用方式（一个例子是，人们曾一度担忧数字音乐播放器、便携游戏机等随身娱乐设备的出现会降低公共场所交往行为发生的概率，进而抹杀公共空间存在的最重要的意义。但实际上，便携式无线网络设备以及即时通信软件正在创造新的公共交往模式，从而赋予了公共空间以新的功能和内涵）。同样，公共建筑也不会消失，甚至有可能数量大大增加（同时建筑规模小型甚至微型化），从单方向的功能提供向注重交往、参与（双向度的功能）转变（例如但远不限于社区图书馆、街头剧院、露天音乐场地等）。

那么，对于建筑师来说，真正的问题或者说挑战在于：在摆脱了上述那些束缚或者枷锁之后，建筑或者说建筑学的概念内核还剩下什么？建筑摆脱枷锁的过程，实际上也是建筑学学科内容空心化的过程。那么，是否有可能寻找到新的内容来加以填充，还是寻求一种不依赖于内容的新的学科模式呢？例如像一些研究者倡导的那样建筑师更彻底地从产品提供者转向提供解决方案的服务者？

我们不打算在此对以上问题一一详细研讨，这部分是因为本书的主旨：我们更倾向于从城市的公共生活和公共空间的角度对建筑的未来发展做一个全景式的展望，而不是去做设计原则和设计方法的分析——这需要对大量案例的详尽讨论才能做到。另一部分则是来自我们对轻建筑的认识：其开放式的内核并非一些抽象的原则所能概括——这样的做法恰恰有违“轻逸”的内涵，正如上面所言，我们更愿意将之视为一种观念、一种态度。因此，在这里仅仅通过一些宣言式的只言片语以最小的限定来描述我们对建筑之轻的认识。

1. 轻建筑不需要指向任何集体性的社会理念。尽管建筑师仍然可以在建筑中寄予个人的社会理想，但是这种建立于建筑和社会问题之间的联系将不再具有强制性。

2. 轻建筑的批判性将不再指向建筑之外的范畴。批判性依然可以包含在建筑的逻辑和形式之中，但这种批判性将主要是指向建筑本体的批判性，对既有功能模式的批判，对既有形式的批判。

---

① 基安尼·若纳罗．轻建筑：新境界城市．宋伟祥译．台北：旭营文化出版社，2003.

3. 符号价值将不是轻建筑的主体价值。建筑不会迎合消费文化对图像和奇观的追求，但同时也不刻意将建筑视为抵御流行文化的武器。建筑对市场和流行采取一种不卑不亢的态度，和市场、和流行之间保持一种若即若离的关系。

4. 轻建筑将不指向某种特定的美学价值。对形式美的追求仍是建筑的核心问题之一，但不强求这种审美标准的统一性。

5. 以轻松的态度对待结构，不刻意地虚伪矫饰结构；同时也不强求结构表达的所谓“真实性”，结构可以作为表现，也可以作为一种手段而潜藏不露。结构与形式之间清晰或是暧昧的关系都是被赞赏的。

6. 以轻松的态度对待功能，不刻意寻求功能的变化或稳定，承认功能的混杂性、可变性。摆脱类型化的功能，更注重同一类型建筑中功能相异的方面，而不是共性的方面，承认功能的个性化（每一座博物馆、每一座图书馆、每一幢别墅的功能都是截然不同的），建筑的类型划分将会被弱化。承认功能的开放性，避免单一的逻辑指向。

7. 不强求结构、形式与功能综合的、平衡的表达。认同（在三者之中）某一个方面出色的建筑就可以是好的建筑。

8. 与普遍性保持距离。不以在历史中的延续性（时间的普遍性）和共通的时代精神（空间的普遍性）来要求个体建筑。

9. 建筑将面向特定问题的解决。这种问题或为某些建筑所共有，或者只属于某个特定的建筑。不寻求“主义”式的普遍性话语对建筑或建筑学的支持。

10. 乐观中立的技术观。以赞赏的态度关注新的技术和产品，并对其对建筑和城市空间可能的影响保持敏感。

11. 作为一种观念的自省，建筑师将不会囿于“轻”与“重”的争论。避免对“轻逸”的追求成为一种新的普遍性诉求的可能。

12. 相对较小的规模和投资，相对较短的建设周期。尽管这一点通常不是由建筑师决定的，但在有可能的情况下限制投资、规模和建造时间有利于在一个快速变化的时代中随时转换方向。

13. 以最小的投入，对城市施加积极的影响。

对于最后一点，有必要详细研讨这样一个问题：在放弃了大部分强制性的原则和羁绊之后，这样的建筑如何对城市产生作用呢？如果建筑因为规模、功能等要素的制约而放弃了影响城市空间和公共生活的能力，那么这样的轻建筑无法被认为代表了可以接受的方向。在以往的建筑学核心要素都变得不那么可靠之后，我们认为，组成城市，可能是建筑最后、也是最永恒的功能。从这个意义上，一种符合我们预期的轻建筑，应该对城市施加积极的影响，增加城市空间的活力，引导积极的城市公共生活。

在国际建协第20届大会的主题报告中，肯尼思·弗兰姆普敦生动地描绘了今天大规模城市发展计划所面临的困境：“现代建筑如此普遍地受到不断优化的技术的支配，以至于创造意义上重大的城市形式的可能性越来越受到限制。这种来自于汽车交通和不稳定的土地投机的共同作用使可实施城市设计的范围受到严重的局限，任何的调整和介入的力量都被大大削弱；要么是仅仅处理一些早已由规则既定的因素，要么做一些现代发展所需要的推进市场买卖和保持社会秩序的表面文章。这些使除了交通发展计划以外的任何形式的总体规划在很大程度上都局限于学术范畴，大尺度的城市设计的命运也是一样。”[①]对此，弗兰姆普敦谈到了可变通的小尺度介入的策略，即所谓“城市针灸”。并用“巨构形式”一词来描述了在大都市的地景中特定的水平城市结构对城市景观形态的影响。

在此，我们愿意借用弗兰姆普敦的“城市针灸”一词来描述我们期待中轻建筑对城市空间所应起到的积极作用（尽管这不是弗兰姆普敦的原意）：以最小化的动作和改变激发城市的活力。为了达到这一点，它应符合弗兰姆普敦所概括的“小尺度介入”策略的一系列前提：“要仔细加以限制；要具有在短时间内实现的可能性；要具有扩大影响面的能力。一方面是直接的作用，另一方面是通过接触反映并影响和带动周边。”[②]在一种理想的状态下，轻建筑对城市的这种积极作用正如同诺伯格·舒尔茨所言：“建筑就如透镜，聚集能量而作用于环境中。透镜的品质，由它所收集的能量作为先决条件，并决定其产生的效果。”

最后一个问题是，我们是否应该为轻建筑提供一些范例。但实际上这不是一件容易的事。正如我们前面所言，建筑之轻更多的是基于一种观念或者说态度，任何试图用范例来说明的行为都存在着将这种观念形式化从而走向“轻逸”的反面的危险。而实际上在轻建筑这个概念下可能容纳着诸多在形式和设计方法上不同甚至相反的建筑和建筑师。为了避免因为不恰当的列举而使得前面已经逐渐清晰的概念再次陷于混乱，在此我们只是略微地从个人的喜好出发举出很少的例子：在建筑师方面，我们认为年轻一代的日本建筑师的创作观念总体上比较符合我们对“轻逸”的定义，这可能部分是因为日本与西方建筑传统之间那种若即若离的关系使日本建筑师更容易对西方建筑传统中那些沉重的观念保持着天然的拒斥，另有部分原因在于当代社会在技术、文化和城市生活方面的变动在日本的社会和城市中有较为集中的反映。在建筑方面，作为建筑师中为数不多的清晰地意识到这个时代的特征并且在设计中有意识地加以体现的人，雷姆·库哈斯在西雅图中央图书馆、台北艺术中心设计中对于功能的分析带有“轻逸”的特征（尽管如前文所述我们认为在这两个项目中体现了建筑师在面对市场时的一种狡黠的态度，但这种狡黠在轻逸的时代也许是必需的，这一点基于我们认为激烈的对抗同样是一种“沉重”的传统）：关注点从重的“功能”转换到轻的“问题”—— 一种个性化的、非单一指向的、轻的功能。

---

① 肯尼斯·弗莱普顿．千年七题—— 一个不适时的宣言．建筑学报，1999，8：15.

② 同上

尾　声　建筑师的城市想象

当代所有的建筑和城市问题，开始于建筑师与城市的分离。

1909 年英国颁布的《住房与城市规划法案》(The Housing And Town Planning，ect.Act) 以及埃比尼泽・霍华德的田园城市规划理论的提出，分别从立法和理论两方面为现代城市规划的实践和理论建立了范本，被视为现代城市规划学科产生的标志。建筑师和规划师、建筑学与规划学的分野，就此展开。20 世纪的城市发展史，固然是不同城市思想冲突和发展的历史，但另一方面，将之视为建筑师与规划师的合作与冲突的关系以及这种关系作用于城市发展的历史，也未尝不可。

事实上，建筑师对城市研究和实践的疏离在这之前就已经开始 (这种疏离正是现代城市规划学科产生以及现代主义建筑运动的主要原因之一)。在对工业革命开始后的产业集中和城市人口膨胀导致的一系列城市问题的反应中，建筑师表现得犹豫而无所作为。在整个 19 世纪中，真正在思考城市的问题并且将设想的解决方案付诸实践的，不是建筑师，而是空想社会主义者们。这实际上奠定了其后相当长时间里城市研究和实践领域的话语权力的基调：在时代和社会的发展要求对城市的关注不仅仅停留在形态领域而是需要政治、经济和技术的全方位解决方案的时候，建筑师 (主动或者被动地) 被排除在外。在此之后，建筑师在面对城市问题的时候，总是表现出一种遮遮掩掩的矛盾心理。

现代主义建筑运动是这种矛盾心理的第一次集中展现。现代主义建筑运动——正如字面上所表示的那样——是一次由建筑师主导的运动，但运动的核心内容却是围绕城市规划展开。某种意义上，建筑师们在为他们在过去的一百年中的惰性与怠慢补课。建筑师开始尝试以往不熟悉的思路：从发展中的技术和城市现实出发界定建筑学和规划学的理论和实践范畴。作为现代主义运动中城市理论的一次总结，1933 年国际现代建筑协会 (C.I.A.M) 在雅典召开了主题为“功能城市”的会议，会议以城市规划为中心议题，并制定了一个“城市规划纲要”，即著名的《雅典宪章》。表面上看来，通过现代主义运动，从对城市的影响力看，城市规划相对于建筑学取得了完全的胜利。在对城市的论述中，传统的建筑学语汇似乎成为了一种禁忌。但是另一方面，在现代主义城市规划原则以功能分区和汽车交通为主导的规划“外壳”下仍然隐藏着建筑师的城市理想：现代主义运动中解决城市问题的核心手段仍然是“设计”和“建造”，而不是“分析”和“管理”。如同传统时期的城市规划一样——那时候建筑和规划还没有分开——现代主义运动时期的建筑师（往往同时也是规划师）仍沿用这样的工作方法：设定一个理想的城市蓝图——包括功能和形态——并且通过建造活动去接近直至实现这个蓝图。这个蓝图往往具有阶段上的静态性或者说某种终结意义（正如勒·柯布西耶并不去考虑明日之城的蓝图实现后城市下一步的走向），它使得城市的发展被展现为从一个蓝图到另一个蓝图的阶段式的跳跃而不是一个连续的进程。从这个意义上讲，这仍旧是一种建筑学式的努力。

在现代主义运动的高潮过去以后，那些被激情掩盖住的缺陷开始暴露出来，对城市的状况感到不满的人们将过错归咎于现代主义城市理论，对现代主义建筑和城市理论和实践的反思和批判成为了 20 世纪六七十年代建筑和规划学界的主流声音。有意思的是，不同立场的人们从不同的角度进行了批评：规划学者归咎于对理想城市蓝图的偏执；建筑师则批评片面化和极端化的城市功能分区和汽车交通。表面上看起来统一的阵营，其实是相反的两种立场，即使是对同一种理论或同一个人（比如勒·柯布西耶）进行批评时也是如此。但总体上来说，在这场反思潮流中，借助“后现代”和“人性化”的旗帜，建筑师在与新兴的规划学科的话语争夺中扳回了一个回合，重新在当代城市理论和实践领域占据了一席之地。同时期“城市设计”作为一个新的专业学科的出现，同样带有建筑师重建在城市问题上的影响力的意味（在标志着城市设计作为一个学科的正式开始的哈佛大学设计研究生院 1965 年首届城市设计会议的主要与会者中，其中大多数都不是真正意义上的城市规划师）。建筑师们似乎希望以此证明，“设计”而不仅仅是“规划”仍然是面对城市问题时所能采取的手段。与《雅典宪章》的城市规划导向不同，1977 年 12 月国际建协在秘鲁利马的会议上发表的《马丘比丘宪章》则在很大程度上回归到了建筑学指向。当然，从另一个角度看，这种学科之间的碰撞同时也表明建筑学和城市规划都逐渐认识到传统上自身的局限与不足，并从对方的领域中吸取有益的东西。但是，如果说这意味着在学术领域里，城市规划和建筑学在理论观点上逐渐走向融合的话，那么双方在职业实践领域里，的距离则离得越来越远。

而城市规划和建筑学的真正分离则是在这些争吵结束或者说至少已经不再为人所关注之后的今天才得以实现。在当代城市规划很大程度上变成了或者至少是正在变成纯技术学科，依靠精致的技巧——制度和执行手段方面的巧妙设计——实现小心翼翼的管理与控制，并避免趟进与城市形态有关的浑水。并且，很重要的一点是：当代的城市规划看上去没有目标或者说不愿意去设定目标，当然更不存在所谓的理想蓝图。这似乎意味着，如果我们的城市仍然需要一个理想蓝图和将这种蓝图变成现实的努力的话，那么仍然要寄希望于建筑师去完成。

但是建筑师（或者说建筑学）是否能够承担这样的重任至今仍是未知之数。毕竟，如前所述，在上一次的城市变革中，建筑师在大部分时间里的表现无疑是相当令人失望的。并且，这个职业和学科的某些已经成为一种传统的特质并没有发生根本性的改变。正如前面提到现代主义运动中建筑师们的表现多少是在为他们之前对待技术和城市变革的疏忽补课一样，如果建筑师仍然不对时代和城市的变化抱有敏感的关注的话，这种建筑师不得不努力去反思和弥补之前的怠慢和懒惰的事情也许会在不久的将来的某个时候再一次重演，同样地，也许又会有新的学科和职业去扮演当年城市规划所曾经扮演的角色。

在歌德的名著《浮士德》中，厌倦了书斋生活的浮士德在魔鬼（梅菲斯特）的带领下先后经历了男女之爱，政治权力、古典美学之后，最后在填海造田、改造自然、为人们创造生活之所的事业中，达到了精神上的满足，说出了那句作为赌约的话："停一停吧，你真美丽！"[①]在此，从自然中创造安居之所的活动被视为超越书斋生活、爱情生活、政治生活、审美活动之上的更高层次的追求，是人类成就的登峰造极之作。建筑和城市建造行为所具有的长久的魅力，即在于此。在《浮士德》成书之后的几十年中，空想社会主义者们前赴后继的城市和社会实践，无异于是浮士德行为的现实翻版。而这种活动的顶峰则是勒·柯布西耶的城市理想。今天我们已经无从去假设如果"明日之城"的设想真的成为现实，柯布西耶会不会如浮士德一般发出感叹。但仅从他在完成昌迪加尔等项目时表现出来的自信而热诚的态度看（在 1951 年在印度期间写给母亲的信中，柯布西耶自豪地说："而柯布，光辉城市及三维城市的创造者，他是无敌的，当面对类似这样的一个主题：一片在山冈下展开的无限延伸的原野，以喜马拉雅山为背景。"[②]而在 1953 年写给印度总理贾沃哈里尔·尼赫鲁的信中他更是称呼自己为"这座城市的缔造者"[③]），恐怕其工作热情和理想情怀与浮士德比也不遑多让。

建造建筑和规划城市的行为给人以造物主般的幻觉。正是这种幻觉激发着一代又一代的建筑师们为了建筑和城市的未来而努力。对于建筑师来说，墨守成规，漠视技术和生活的变化不是明智之举；但同时，放弃理想的坚持，捕风捉影般地追逐流行与时尚也许同样甚至更加糟糕。无论技术和社会如何变化，按照心目中的理想蓝图，推动和从事对城市物质形态的营造，将永远是建筑学最为核心的内容。

---

① 歌德·浮士德．钱春绮译．上海：上海译文出版社，1990：706.

② （法）让·让热编著．勒·柯布西耶书信集．牛燕芳译．北京：中国建筑工业出版社，2007：355.

③ （法）让·让热编著．勒·柯布西耶书信集．牛燕芳译．北京：中国建筑工业出版社，2007：385.

参考文献

[1]（美）威廉·J·米切尔．比特之城：空间．场所．信息高速公路．范海燕，胡泳译．上海：生活·读书·新知三联书店，1999.

[2]（美）威廉·J·米切尔．伊托邦——数字时代的城市生活．吴启迪等，译．上海：上海科技教育出版社，2005.

[3]（美）威廉·J·米切尔．我 ++——电子自我和互联城市．刘小虎等，译．北京：中国建筑工业出版社，2006.

[4]（美）A·H·马斯洛．动机与人格．许金声等译．北京：华夏出版社，1987.

[5]（瑞士）卡尔·古斯塔夫·荣格．荣格文集：原型与集体无意识．徐德林译．北京：国际文化出版公司，2011.

[6]（英）格雷格·沃尔夫·剑桥插图罗马史．郭小凌等译．济南：山东画报出版社，2008.

[7]（意）阿尔多·罗西．城市建筑学．黄世钧译．北京：中国建筑工业出版社，2006.

[8] Leon Krier. Rational Architecture：The Reconstruction of the European City. AAM Editions，1978.

[9]（美）凯文·林奇．城市意象．方益萍，何晓军译．北京：华夏出版社，2001.

[10]（德）G·齐美尔．桥与门——齐美尔随笔集．涯鸿，宇声等译．上海：生活·读书·新知三联书店，1991.

[11]（加拿大）简·雅各布斯．美国大城市的死与生．金衡山译．南京：译林出版社，2005.

[12]（美）马歇尔·伯曼．一切坚固的东西都烟消云散了——现代性体验．徐大建，张辑译．北京：商务印书馆，2003.

[13] MVRDV.KM3：Excursions on Capacity. Actar，2006.

[14]（古希腊）亚里士多德．诗学．罗念生译．北京：人民文学出版社，2002.

[15]（古希腊）亚里士多德．修辞学．伍蠡甫主编．西方文论选（上卷）．上海：上海译文出版社，1979.

[16]（俄）维克托·什克洛夫斯基等．俄国形式主义文论选．方珊等译．上海：生活·读书·新知三联书店，1989.

[17] Robert Redfield. Peasant society and culture：an Anthropological Approach to Civilization. The University of Chicago Press，1958.

[18] Charles Sanders Peirce. Peirce’s outline classification of sciences，http：//www.

uta.fi/~attove/peirce_syst.PDF，1903.

[19]（美）蕾切尔·卡森．寂静的春天．吕瑞兰，李长生译．上海：上海译文出版社，2008.

[20] 袁越．寂静的春天不寂静．三联生活周刊 .2007，06.

[21]（美）罗伯特·A·卡罗．成为官僚．高晓晴译．重庆：重庆出版社，2008.

[22]（美）拉塞尔·雅各比．最后的知识分子．洪洁译．江苏人民出版社，2006.

[23]（美）马泰·卡林内斯库．现代性的五副面孔：现代主义、先锋派、颓废、媚俗艺术、后现代主义．顾爱彬，李瑞华译．北京：商务印书馆，2002.

[24]（美）萨利·贝恩斯 .1963 年的格林尼治村——先锋派表演和欢乐的身体．华明等译．桂林：广西师范大学出版社，2001.

[25]（法）M. 福柯．另类空间．世界哲学 .2006，6.

[26]（挪威）诺伯格·舒尔茨．存在·空间·建筑．尹培桐译．北京：中国建筑工业出版社，1990.

[27] Edward Relph. Place and placelessness. Pion Ltd.，2008.

[28]（法）阿尔弗雷德·格罗塞．身份认同的困境．王鲲译．北京：社会科学文献出版社，2010.

[29] 维基百科．“全球创意城市网络”条目．http：//zh.wikipedia.org/wiki/ 全球创意城市网络．

[30]（法）波德里亚．消费社会．刘成富，全志钢译．南京：南京大学出版社，2000.

[31] Charles Jencks. The Architecture of the Jumping Universe- A Polemic：How Complexity Science Is Changing Architecture and Culture. John Wiley & Sons，1997.

[32] 维基百科．“漂绿”条目．http：//zh.wikipedia.org/wiki/ 漂绿．

[33]（法）德波．景观社会．王昭风译．南京：南京大学出版社，2006.

[34]（美）爱德华·W·萨义德．东方学．王宇根译．上海：生活·读书·新知三联书店，1999.

[35]（美）柯林·罗，弗瑞德．科特．拼贴城市．童明译．北京：中国建筑工业出版社，2003.

[36] Rem Koolhaas and Bruce Mau. S，M，L，XL. The Monacelli Press，1995.

[37] Henri Lefebvre. Critique of Everyday Life，Voll，Introduction. Verso，1991.

[38]（法）拉伯雷．巨人传．成钰亭译．上海：上海译文出版社，2007.

[39]（俄）巴赫金．陀思妥耶夫斯基诗学问题．白春仁，顾亚玲译．上海：生活·读书·新知三联书店，1992.

[40]（美）尼尔·波兹曼．娱乐至死．章艳，吴燕莛译．桂林：广西师范大学出版社，2009.

[41]（美）尼尔·波兹曼．童年的消逝．吴燕莛译．桂林：广西师范大学出版社，2011.

[42]（法）勒・柯布西耶著．光辉城市．金秋野，王又佳译．北京：中国建筑工业出版社，2010.

[43]（美）大卫・雷斯曼．孤独的人群．王昆等译．南京：南京大学出版社，2003.

[44] Rem Koolhaas. Project for Prada：Part 1. Fondazione Prada，2001.

[45] Rem Koolhaas. Project on the City II：The Harvard Guide to Shopping. Taschen，2001.

[46]（英）阿兰・德波顿．身份的焦虑．陈广兴，南治国译．上海：上海译文出版社，2007.

[47] Oscar Newman. Defensible Space：Crime Prevention through Urban Design. NY：Macmillian，1972.

[48]（法）福柯．规训与惩罚．刘北成，杨远婴译．上海：生活・读书・新知三联书店，2003.

[49]（英）奥威尔．一九八四．孙仲旭译．上海：生活・读书・新知三联书店，2009.

[50] 维基百科．"人肉搜索"条目．http：//zh.wikipedia.org/wiki/人肉搜索．

[51] 埃利・帕雷瑟．网络真的"懂"你——过滤器泡泡看起来很美！. http：//article.yeeyan.org/view/153413/196381.

[52]（美）保罗・福塞尔．格调：社会等级与生活品味．梁丽真等译．北京：中国社会科学出版社，1998.

[53] 费孝通．乡土中国．北京：北京出版社，2005.

[54]（意）伊塔洛・卡尔维诺．新千年文学备忘录．黄灿然译．凤凰出版传媒集团，南京：译林出版社.2009.

[55]（法）勒・柯布西耶．走向新建筑．陈志华译．天津科学技术出版社，1998.

[56]（古希腊）柏拉图．理想国．吴献书译．上海：生活・读书・新知三联书店，2009.

[57]（古罗马）维特鲁威．建筑十书．高履泰译．北京：知识产权出版社.2001.

[58]（英）埃比尼泽・霍华德．明日的田园城市．金经元译．北京：商务印书馆，2000.

[59] Manfredo Tafuri. The Sphere and the Labyrinth：Avant-Gardes and Architecture from Piranesi to the 1970s. MIT Press，1987.

[60] Rem Koolhaas. Delirious New York：A Retroactive Manifesto for Manhattan. Oxford University Press，1978.

[61]（瑞士）费尔迪南・德・索绪尔．普通语言学教程．高名凯译．北京：商务印书馆，1999.

[62]（美）道格拉斯・凯尔纳，斯蒂文・贝斯特．后现代理论：批判性的质疑．张志斌译．北京：中央编译出版社，2004.

[63]（意大利）基安尼・若纳罗．轻建筑：新境界城市．宋伟祥译．台北：旭营文化出版社，2003.

[64]（美）肯尼斯·弗莱普顿．千年七题—— 一个不适时的宣言．建筑学报，1999，8.

[65]（德）歌德．浮士德．钱春绮译．上海：上海译文出版社，1990.

[66]（法）让·让热编著．勒·柯布西耶书信集．牛燕芳译．北京：中国建筑工业出版社，2007：355.

[67] 单军．建筑与城市的地区性：一种人居环境理念的地区建筑学研究．北京：中国建筑工业出版社，2010.

后　记

本书写作的初衷起自于这样一种印象：曾经有一个时期（大概是在本科高年级到研究生期间），出于对城市理论和历史的兴趣读了一些书后，自觉对城市研究的总体脉络和名家们的理论都把握的无比清晰。但是，也许是工作之后读书渐少并且遗忘了很多东西的缘故，今天再来想起这些的时候，却觉得一切都是晦暗不明，仿佛隔着罩了水汽的玻璃看过去一般。之所以意识到这一点，是因为某一天突然发现自己对在课堂上讲的一些东西失去了自信，开口的时候有不敢大声说出来甚至不敢直视学生眼睛的感觉。也就是从那个时候起，我决定把这种模糊的感觉写出来。从这个意义上讲，这本书实际上首先是写给自己的，迫使自己明确对一些东西的判断：放弃或者重拾信心。

也正是因此，与以往经常要停下来补充知识或者整理思路的写作方式不同，本书的写作过程实际上是非常流畅的。对个人来说，这样的过程是令人愉悦的，甚至与这种愉悦相比，书稿的完成反而成了更为次要的问题。但我相信，同样的愉悦很难出现在阅读这本书的人身上。即使是我自己，如果站在一个读者的角度，对于书中的一些内容恐怕也很难信服。因此，一个也许是为我自己推托责任的解释是：这本书应该被视为对当代城市状况——城市所面临的问题以及建筑学和城市研究所做出的努力—— 一次重新的虚构。对于它的价值，我认为是我在本书中一直试图去表达的：对技术的乐观，对建筑学的乐观，以及对建筑学与技术之间关系的乐观。哪怕能够将这种乐观的一小部分传递给阅读的人，本书的目的也就达到了。

本书写作的同时，一直在进行博士学位论文的准备工作。本书和学位论文的内容，恰好代表个人学术兴趣的两个方面：都市化背景下的城市、全球化背景下的乡土。学位论文的写作是非常痛苦的行为，不是因为内容，而主要是出于形式上的成规。出于对这种成规的厌烦，本书在内容和行文的组织上都在刻意地避免甚至与论文的写作形成对比。那些在论文写作中不宜写甚至不敢写的一切，都在本书中留下了痕迹。从这个意义上说，本书可以视为学位论文的互补之作。也正是因此，在我的希望中，它不应被看作严谨的学术研究，而应当被当成一本性情之作。如果阅读的人能够从中间感到一些游戏的气息，那将是我感到非常欣慰的事。

致　谢

感谢我的导师单军教授。本书中所思所论，多受益于我的老师。单老师于我，不仅是学识上的启迪，更给予我精神上的熏陶。特别是老师的治学精神，对我影响尤深。十二年前得老师赠予《读书与治学》一书，并于扉页题书相勉，至今放于案头，时时提醒自己，不敢或忘。

感谢我的师长贾东教授。贾老师既是我博士研究的副导师，也是我工作上的引路人，使我在科研治学和待人处世方面都受益良多。在教学工作中，更是得到贾老师的言传身教。我对教学一事的兴趣，也大多从此而生。贾老师的为人、为师之道，是我的榜样。本书的完成，更是得到了贾老师的大力支持和督促。

感谢杨睿琳和刘婧雯两位同学为本书绘制插图。她们的努力，为本书增色不少。

感谢中国建筑工业出版社的唐旭老师为本书的出版所做出的辛勤工作。

感谢诸位师长和同事们在本书的写作过程中给予的支持和帮助。

感谢我的家人。没有他们的支持和鼓励，本书不可能完成。

本书的研究承蒙“北京市教育委员会学科建设专项——建筑学科 9072”、“北京市教育委员会科技计划面上项目——KM200910009007”、“北京市教育委员会人才强教深化计划——PHR201106204”、“北方工业大学重点项目——传统聚落低碳营造理论研究与工程实践”的资助，特此致谢。